Cyrus Achouri

Recruiting und Placement

Cyrus Achouri

Recruiting und Placement

Methoden und Instrumente der Personalauswahl und -platzierung

2., überarbeitete und erweiterte Auflage

GABLER

Bibliografische Information der Deutschen Nationalbibliothek
Die Deutsche Nationalbibliothek verzeichnet diese Publikation in der
Deutschen Nationalbibliografie; detaillierte bibliografische Daten sind im Internet über
<http://dnb.d-nb.de> abrufbar.

1. Auflage 2007
2., überarbeitete und erweiterte Auflage 2010

Alle Rechte vorbehalten
© Gabler | GWV Fachverlage GmbH, Wiesbaden 2010

Lektorat: Stefanie A. Winter

Gabler ist Teil der Fachverlagsgruppe Springer Science+Business Media.
www.gabler.de

Umschlaggestaltung: KünkelLopka Medienentwicklung, Heidelberg

Gedruckt auf säurefreiem und chlorfrei gebleichtem Papier

ISBN 978-3-8349-2140-6

Vorwort zur zweiten Auflage

Ich freue mich sehr über die Aufnahme, die das Buch seit seinem Erscheinen gefunden hat. In den Rückmeldungen wurde vor allem der Anhang mit den vielen Praxisteilen gelobt. Des Weiteren wurde angeregt, noch mehr Illustrationen zu verwenden, die als Überblick und visueller „Anker" dienen. Dem bin ich gerne nachgekommen, auch habe ich das Kapitel über Outplacement erweitert, einige Übungsbeispiele im Interview eingefügt, die Einführung erweitert, sowie ergänzende Erläuterungen bezüglich des MBTI-Persönlichkeitstests angebracht. Es finden sich neue Verständnisfragen am Ende der Kapitel und zahlreiche neue Abbildungen. Ich hoffe, damit wird der Inhalt noch leichter verständlich und aufnehmbar.

Für die vielen Anregungen und Rückmeldungen danke ich ganz herzlich den Studierenden der Betriebswirtschaft an der Hochschule für Wirtschaft und Umwelt, Nürtingen-Geislingen.

Mein Dank gilt auch Stefanie Winter und Susanne Kramer vom Gabler Verlag für die Unterstützung im Lektorat.

München, im Oktober 2009   Cyrus Achouri

„ Und schnell und unbegreiflich schnelle
Dreht sich umher der Erde Pracht;
Es wechselt Paradieseshelle
Mit tiefer, schauervoller Nacht;
Es schäumt das Meer in breiten Flüssen
Am tiefen Grund der Felsen auf,
Und Fels und Meer wird fortgerissen
In ewig schnellem Sphärenlauf."

[J.W. Goethe, Faust]

Vorwort zur ersten Auflage

Ziel dieses Buches ist es, einen präzisen Einblick in die gängigen Methoden und Instrumente der Personalauswahl zu geben, die Kompetenz zu erwerben, das geeignete Instrument für den jeweiligen Zweck auswählen zu können und schließlich einzelne Bausteine von Methoden in Rollenspielen vertieft erleben zu können. Dieses Buch setzt keinerlei Vorkenntnisse im Personalmanagement voraus und versteht sich als Einführung für alle, die sich mit aktuell angewandten Methoden der Personalauswahl in der Industrie vertraut machen wollen. Dabei gewährt es tiefe Einblicke in die Arbeitsweisen von Unternehmen hinsichtlich angewandter Personalauswahlinstrumente bis hin zum Headhunter Management.

Ich möchte mich an dieser Stelle ganz herzlich bei Professor Dr. Egon Endres, Präsident der Katholischen Stiftungsfachhochschule München, bedanken für den regen Gedankenaustausch und die fruchtbare Zusammenarbeit über die Jahre im Rahmen meines Lehrauftrages an der Katholischen Stiftungsfachhochschule. Dank aussprechen möchte ich auch allen Studentinnen und Studenten, die durch Ihr großes Interesse und Engagement mit diversen Anregungen zur Konzeption des Buches beigetragen haben, beispielsweise durch den Wunsch, am Ende jedes Kapitels Fragen zum Verständnis der Lernziele einzufügen.

Im umfangreichen Anhang finden sich zu jedem Abschnitt Beispielvorlagen, die sich sehr gut für den interessierten Praktiker direkt nutzen lassen. Dazu finden sich im Anhang Rollenspielanweisungen, die für betriebliches Training ebenso geeignet sind wie für praktische Übungen an Hochschulen. Rollenspiele stellen erfahrungsgemäß ein sehr gutes Mittel dar, um beispielsweise in der Simulation eines Assessment Center das Instrument schnell kennen und „spüren" zu lernen.

Dies ist ein Buch aus der Praxis, gedacht für die Praxis von Personalexperten in Wirtschaftsunternehmen ebenso wie für Studenten im Fach Betriebswirtschaft mit Schwerpunkt Personal/Organisation.

München, im März 2007   Cyrus Achouri

Inhaltsverzeichnis

1. Einführung

1.1 Demographische Entwicklung und Personalmangel

Im Personalmanagement stehen wir vor einem großen Umbruch, der sich insbesondere durch den demographischen Wandel der deutschen Bevölkerung abzeichnet. Wir wissen bereits heute, dass für die kommenden Jahren nicht genügend qualifizierte Arbeitskräfte in Deutschland zur Verfügung stehen werden. Daran ändern auch kurz- oder mittelfristige konjunkturelle Schwankungen, wie etwa die Finanzkrise von 2008, nicht grundlegend etwas. Die Gründe hierfür sind vielfältig: Zum einen steigt die Nachfrage nach hochqualifizierten Arbeitskräften weiter, zum anderen werden viele Hochqualifizierte aus den geburtenstarken Jahrgängen den Arbeitsmarkt verlassen. Hinzu kommen aber auch weitere Rahmenbedingungen. So sind die Frühverrentung und damit ein Berufsaustritt weit unter dem 60. Lebensjahr nicht mehr finanzierbar, was wiederum auch mit einer steigenden Lebenserwartung korreliert.

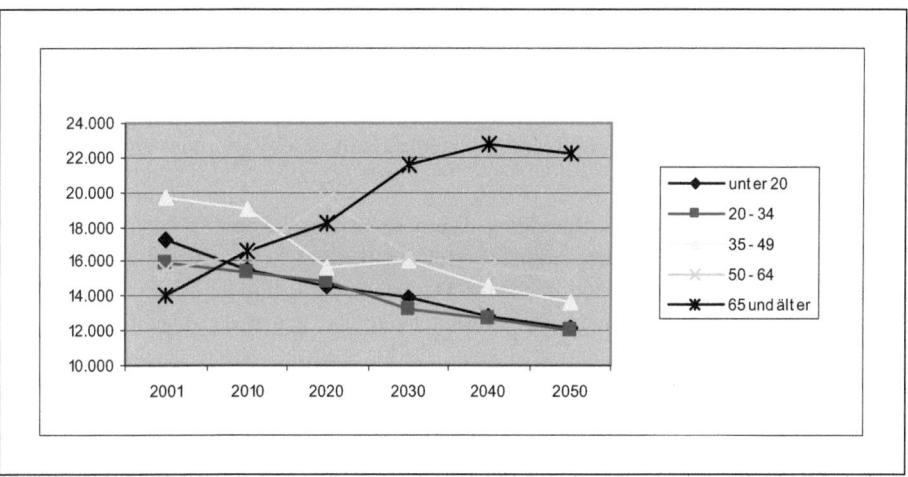

Abbildung 1-1: *Bevölkerung in Deutschland nach Altersgruppen*[1]

Die Schlussfolgerungen, die wir daraus zu ziehen haben, reichen von politischen Entscheidungen im Bildungswesen über die vermehrte Einbeziehung von Teilzeitarbeit, insbesondere der Möglichkeit für hochqualifizierte Frauen, Beruf und Familie verbinden zu können,[2] bis hin zur Entwicklung von Personalentwicklungsmodellen, welche einen längeren Lebensar-

---

[1] Quelle: Geissler, 2005
[2] Bayerisches Staatsministerium, 2005

beits-Zyklus berücksichtigen[3]. Dies alles deutet darauf hin, dass den Unternehmen in den Jahren ab 2015 ein „War for Talent"[4] bevorstehen könnte, auch wenn Variablen wie Konjunktur, Einwanderung oder Rationalisierung keine präzisen Prognosen zulassen. Durch die starke Nachfrage seitens der Unternehmer und das geringe Angebot auf Arbeitnehmerseite werden die Unternehmen gezwungen sein, mit attraktiven Konditionen um die Arbeitnehmer zu werben.

Wenn man nun vermutet, dass Personalauswahl damit an Bedeutung verliert, weil sich die Unternehmen nicht mehr leisten können allzu wählerisch zu sein, wird wohl genau das Gegenteil der Fall sein. Gerade weil die Fluktuationsrate von Mitarbeitern auch davon abhängen wird, wie zufrieden der Mitarbeiter im Unternehmen ist, ergibt sich das Erfordernis, die Passung bereits bei der Auswahl möglichst zu prognostizieren. Bei der Prognose der Leistungsfähigkeit insbesondere von zukünftigen Mitarbeitern werden dabei aber ungeachtet des demographischen Wandels für die meisten Tätigkeiten keine physischen Kriterien entscheidend werden. Dagegen werden sozial-emotionale Belastungsfaktoren aufgrund von psychischem Druck und Stress weiter in den Vordergrund rücken.

Hierbei werden ältere Mitarbeiter nicht benachteiligt sein, in mancher Hinsicht lassen sich durch den reichhaltigen Erfahrungsschatz beruflicher und persönlicher Kompetenzen unter Umständen sogar Vorteile ableiten. Bezogen auf die Auswahlmethoden ergibt sich hierbei kein Handlungsbedarf, wenngleich natürlich auf die Lernfähigkeit als Schlüsselqualifikation, wie bei jungen Arbeitnehmern auch, sicherlich ein Hauptaugenmerk fallen muss. Konkreter wird hier aber die Motivation für lebenslanges Lernen im Vordergrund stehen. Wie auch immer die Variablen sich im Einzelnen entwickeln werden, wir können bereits heute davon ausgehen, dass wir in Zukunft im Recruiting vermehrt Ältere als Zielgruppe zu berücksichtigen haben werden.

Wie kann sich professionelles Recruiting darauf einstellen? Recruiting kann grob in drei Aufgabenteile gegliedert werden, Attract (Personalmarketing), Select (Personalauswahl) und Integrate (Personalintegration und -bindung). Die Integrationsphase geht nach überstandener Probezeit unmittelbar in die Bindungsphase (Retention) über und ab da ist nicht mehr Recruiting, sondern die interne Personalentwicklung für die weitere Karriere der Mitarbeiter zuständig. Ein professionelles Recruiting muss in allen drei Phasen, Attract, Select und Integrate stark sein. Investiert man beispielsweise nur einseitig in die ersten beiden, so können eine späte Produktivierung neuer Mitarbeiter, sowie hohe Fluktuation die Folge sein.

---

3   Bereits jetzt ist ein Trend der Unternehmen, dem Fachkräftemangel durch interne Personal-entwicklung entgegenzuwirken, erkennbar. Vgl. Stepstone, 2006

4   Der Begriff „war for talent" entspringt noch der New Economy (Wirtschaftlicher Aufschwung der Informationstechnologie insbesondere im Rahmen der Globalisierung Ende der 90er Jahre), entstanden als Leitmotiv der Recruiter. Die 90er Jahre in Deutschland standen unter dem Zeichen effizienter Arbeitsstrukturen. Dies bedeutete für die Personalauswahl zum einen den Abbau an Mitarbeitern, dafür aber einen Aufbau hinsichtlich der Qualifikation. Aus dieser Anforderung erwuchs unter anderem auch der Ruf nach validen eignungsdiagnostischen Methoden im Human Resources Management.

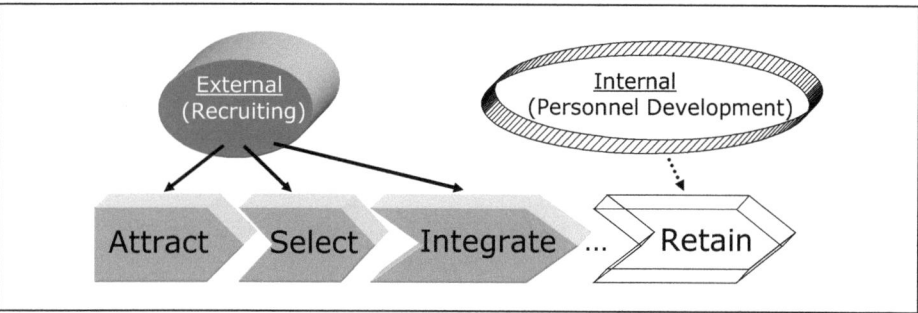

Abbildung 1-2: *Hunting & Retaining Talents*

Auf der Ebene von Attract müssen sich Unternehmen in der Zukunft mehr und mehr bemühen, „Employer of Choice" zu werden, eine Aufgabe, welche das Marketing in Gänze fordert.

Aber auch Stipendien oder duale Ausbildungswege von Ausbildung und Studium, welche Unternehmen ermöglichen, machen es zu einem attraktiven Arbeitgeber. Es wird sicherlich immer wichtiger werden, schon die potenziell qualifizierten Arbeitnehmer für sich als Unternehmen zu interessieren und auch früh eine (emotionale) Bindung zu schaffen.

Girls Days, wie bereits von einigen großen Unternehmen veranstaltet, um bereits Schülerinnen für ingenieurwissenschaftliche Studiengänge und Arbeitsplätze zu begeistern, sind gutes Beispiel dafür.

Aber auch die Rekrutierung neuer Mitarbeiter durch eigene Mitarbeiter ist ein sehr gutes Beispiel für Unternehmensmarketing. Unabhängig von der nachweislichen Qualität solcher Empfehlungen (die andernfalls auf die empfehlenden Mitarbeiter zurückfallen würden) und ihren Nutzen für Select, stärken solche Aktionen auch die Firmenverbundenheit der rekrutierenden Mitarbeiter. Schließlich möchte jeder auf sein eigenes Unternehmen stolz sein. Aber auch Work-Life-Balance-Programme, sowie generell die Möglichkeit, in Zukunft durch „Empowerment" der Mitarbeiter mehr Firmenverbundenheit und Sinnerfüllung in der Arbeit zu ermöglichen, werden wesentliche Komponenten sein, um sich im kommenden War for Talent als Unternehmen behaupten zu können.

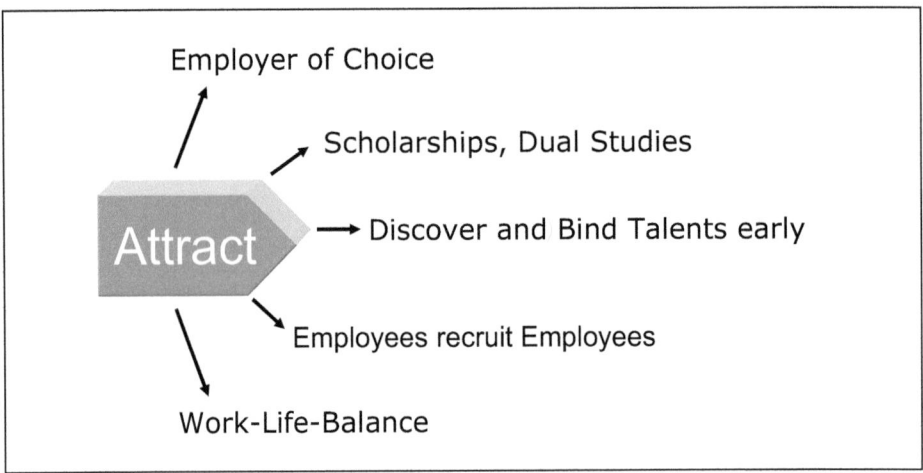

Abbildung 1-3: Attract

Ein bekannter Spruch im Personalmanagement lautet: „Was man in der Personalauswahl versäumt, lässt sich durch Personalentwicklungsmaßnahmen nicht wettmachen." Und wenn, dann kostet es das Unternehmen sehr viel Geld. Die Kunst ist es also, es beim ersten Mal schon richtig zu machen, und das erfordert professionelle Auswahlinstrumente.

Dazu wird es in der Zukunft für die Unternehmen immer wichtiger werden, zu definieren, was sie unter „Talenten" überhaupt verstehen. Wenn man nicht genau weiß, wen man sucht, kann man ihn auch nicht mit den besten Auswahlinstrumenten finden. Die Auswahlinstrumente müssen den bestmöglichen professionellen Ansprüchen genügen und die bei der Auswahl beteiligten Führungskräfte müssen sorgfältig geschult werden.

Für Bewerber ist ein Interviewpartner eines Unternehmens immer auch Unternehmensrepräsentant und als solcher Imageträger. Personalauswahlsituationen sind deshalb auch Marketingevents und Unternehmen müssen sich verdeutlichen, dass verprellte Bewerber immer auch verprellte Kunden sind und hervorragende Multiplikatoren im Familien-, Freundes- und Bekanntenkreis. Ist das Image einmal ruiniert, dauert es oft Jahre, bevor ein Unternehmen wieder einige Plätze nach oben klettert im Ranking der beliebtesten Arbeitgeber.

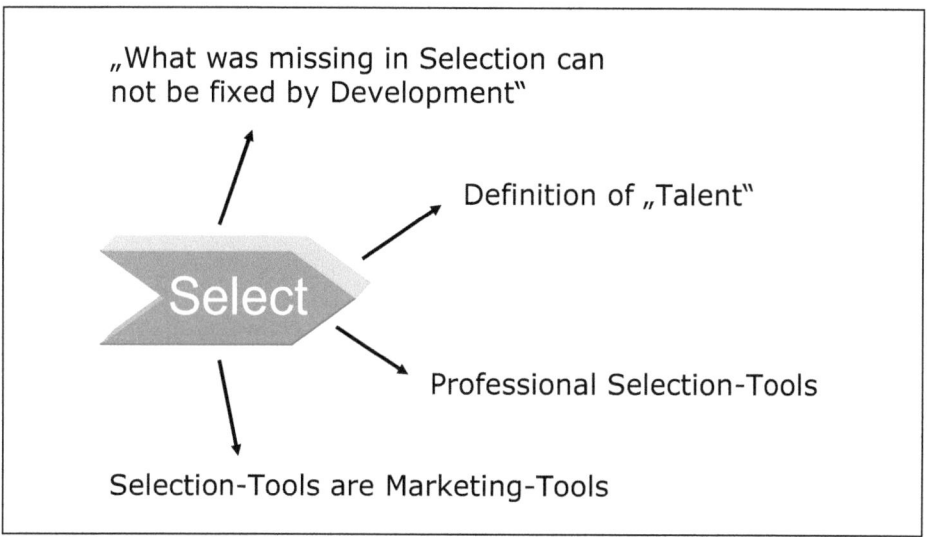

Abbildung 1-4: Select

Sind genügend qualifizierte Bewerber vom Unternehmen angezogen und auch ausgewählt worden, geht es darum, diese möglichst schnell zu produktivieren, zu integrieren und Fluktuation, insbesondere in den ersten Monaten und Jahren, zu verhindern, da zunächst in jeden neuen Mitarbeiter viel investiert wird. Dazu können Mentorenprogramme initiiert werden, Integrationsveranstaltungen sorgen darüber hinaus für die Bildung von Netzwerken unter den neuen Mitarbeitern. Mittel- und langfristig wird Integration zu Retention, und es geht darum, die Mitarbeiter an das Unternehmen zu binden. Hier beginnt bereits die Arbeit der internen Personalentwicklung. Zukünftige Erfordernisse werden beispielsweise sein, Entwicklungspläne und Karrierepfade auch für ältere Mitarbeiter zu entwickeln, die mit deren unterschiedlichen Bedürfnissen einhergehen. Aber auch die Gruppe der hochqualifizierten Frauen wird zunehmend in das Interesse der Unternehmen rücken. Um sie zu gewinnen und zu halten, werden die Unternehmen flexiblere Arbeitszeiten, Work-Life-Balance-Programme, Kinderbetreuungsmöglichkeiten inhouse etc. noch stärker ausbauen müssen. Unternehmen werden sich in einem arbeitnehmerorientierten Arbeitsmarkt, wie er zunehmend durch die Demographie entsteht, auch zunehmend um die Bedürfnisse der Arbeitnehmer kümmern müssen. War es früher vor allem geboten, dass sich Mitarbeiter an eine bestehende Unternehmenskultur anpassen mussten, werden sich Unternehmen zunehmend an die pluralen Bedürfnisse ihrer Mitarbeiter-„Welten" anpassen müssen, um im War for Talent nicht die Besten an die Wettbewerber zu verlieren.

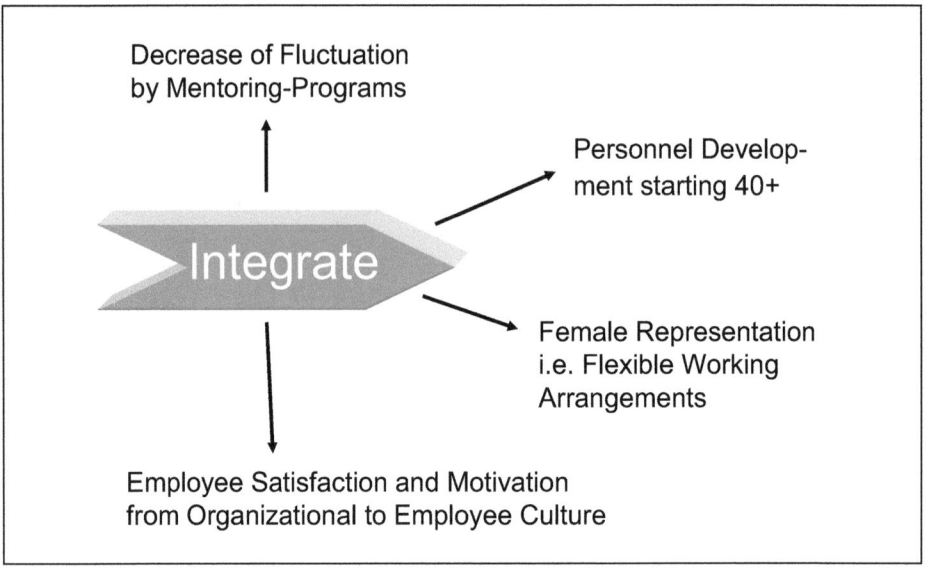

Abbildung 1-5: *Integrate*

So lässt sich zusammenfassend sagen, im War for Talents werden Unternehmer nur dann bestehen, wenn sie vom Jäger zum Gejagten werden.

Abbildung 1-6: *From Hunting to Being Hunted*

1.2   Recruiting als wesentlicher Faktor für das „Human Capital"

Während mit der industriellen Revolution im 19. Jahrhundert zunehmend technische Rationalisierungen maßgeblich für betriebliche Veränderungen wurden, können wir seit den 80er Jahren des 20. Jahrhunderts einen aufkeimenden Fokus auf das sogenannte Humankapital als entscheidenden Produktionsfaktor feststellen. Dieser Trend hat sich in den letzten Jahren weiter verstärkt und betrifft inzwischen nahezu alle wirtschaftlichen Bereiche von der Produktion bis zu reinen Dienstleistungen. Dabei kann man zwei Aspekte unterscheiden. Zum einen haben technische Rationalisierungen menschliche Arbeitskraft ersetzt. Zum anderen hat man, um weitere Produktivierungsergebnisse zu erzielen, die menschliche Arbeitskraft, das Humankapital, als Ansatzpunkt erkannt. Denn insbesondere in der Motivation eines Mitarbeiters lag nun der größte verbleibende Hebel zur Produktivitätssteigerung[5].

Dies hat sich auch sehr stark in den Personalauswahlmethoden niedergeschlagen und wir finden heute kein Auswahlinstrument, das nicht die Leistungsbereitschaft eines potentiellen Mitarbeiters ebenso bewertet wie die vorhandenen Kenntnisse und Erfahrungen. Für die Weiterbildung der Mitarbeiter, sowie für den Blickpunkt der Auswahlverfahren bedeutet dies langfristig eine Verschiebung, insbesondere im Dienstleistungssektor, in höherwertige Tätigkeiten. Im Personalmanagement selbst heißt das konkret, dass Mitarbeiter im Personalwesen ihre Employability umso stärker gewährleisten, als sie sich von Tätigkeiten unterscheiden, die von elektronischen Verfahren potentiell abgelöst werden können. Das sind algorithmische Tätigkeiten, Berechnungsverfahren im Allgemeinen, als auch administrative Arbeiten. Zukunftsweisend werden dagegen mehr und mehr qualitative Tätigkeiten der Beratung, des Coachings und der Strategie.

Im Sinne einer sich immer schneller verändernden Wissensgesellschaft werden immer weniger bereits erworbene Kenntnisse eine Rolle spielen, als vielmehr, wie schnell und gut sich ein potentieller Mitarbeiter neue Kenntnisse aneignen kann. Auf Recruiting bezogen bedeutet dies, dass sich die Auswahlkriterien mehr und mehr weg von den reinen Kenntnissen und Erfahrungen auf vorhandene Fähigkeiten hin zu richten haben. Unter „Kenntnisse" sind dabei die reinen Fachkenntnisse wie IT-, Englisch oder auch Berufs-Know-How zu verstehen. Der Begriff „Erfahrungen" bezieht sich auf die Berufserfahrung, also Projekterfahrung, Führungserfahrung etc. Fähigkeiten schließlich meint den Bereich der „weichen" Faktoren, wie Kommunikations-, Team- oder auch Konfliktfähigkeit. Während Kenntnisse am schnellsten zu erlernen sind, dauert es oft Jahre, bis man relevante Berufserfahrung vorweisen kann (wie Bewerber, die von der Hochschule kommen, leidvoll wissen). Die eigenen Fähigkeiten zu verändern, zu erweitern oder sich auch neue anzueignen, stellt, was Dauer und Intensität angeht, die größte Herausforderung dar.

---

5   Hierbei ist der immer stärker werdende Einfluss der Motivationspsychologie und deren verstärkte Wahrnehmung in der Gesellschaft ab 1970 auch maßgebend. Vgl. Weiner, 1994

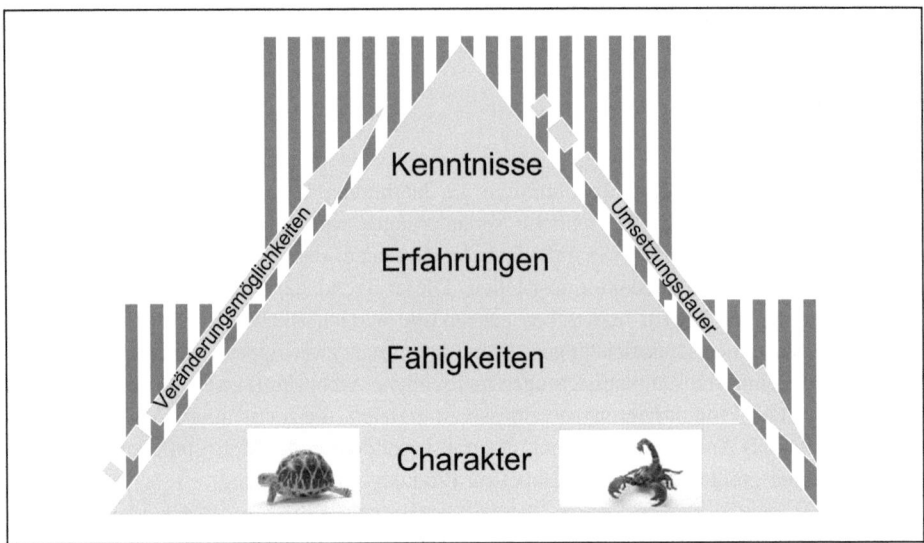

Abbildung 1-7: *Die Kompetenzpyramide*

Der sogenannte Charakter gehört zu den aufgeführten Kompetenzen einer Person (Kenntnisse, Erfahrungen, Fähigkeiten) eigentlich nicht dazu, da er am wenigsten veränderbar ist, und Unternehmen sich vor allem auf veränderbare Kompetenzen bei Mitarbeitern fokussieren, die im Rahmen von vertretbaren Zeiträumen entwicklungsfähig sind. Die geringe Veränderungsdynamik von Charaktereigenschaften vermittelt die Geschichte von Schildkröte und Skorpion:

Ein Skorpion wollte einmal einen Fluss überqueren. So fragte er eine Schildkröte, die des Weges kam, ob sie ihn nicht hinübertragen wolle, denn sie könne doch schwimmen. Die Schildkröte antwortete: „Wenn wir mitten auf dem Fluss sind, wirst Du mich stechen, und ich werde untergehen." „Sei doch nicht dumm", erwiderte der Skorpion, „dann würden wir ja beide ertrinken." So ließ sich die Schildkröte schließlich überreden. Als sie mitten im Fluss waren, stach der Skorpion zu. Im Sterben fragte die Schildkröte: „Wie konntest Du das nur tun?" Und der Skorpion antwortete: „Das ist nun mal mein Charakter!"

Obwohl die Fähigkeiten, auch Schlüsselqualifikationen oder Soft Skills genannt, für das Arbeitsleben zunehmend an Bedeutung gewinnen, existiert kaum praxisorientierte Literatur zu diesem Thema. Es wird aber in Unternehmen zunehmend mehr Wert auf Schlüsselqualifikationen als positions- und tätigkeitsübergreifende Merkmale im Arbeitsprozess gelegt, gerade auch in Hinsicht für die Qualifizierung auf zukünftige Aufgaben.

Hierbei muss allerdings sorgsam darauf geachtet werden, dass als Schlüsselqualifikationen keine grundlegenden Persönlichkeitsmerkmale oder etwa grundlegende Werthaltungen wie ethisch-religiöse Überzeugungen, die für den Arbeitsprozess keine unmittelbare Relevanz besitzen und zudem in die Privatsphäre der Person eingreifen, definiert werden.[6] Auch eine

---

6   Vgl. Eilles-Matthiessen, Claudia u.a., 2002, S. 14

Überbewertung von Schlüsselqualifikationen als grundlegende eignungsdiagnostische Merkmale für sozusagen jede beliebige Anforderung würde verkennen, dass Kenntnisse, Berufserfahrung oder kognitive Fähigkeiten ebenso immer wesentlich für beruflichen Erfolg bleiben werden.

Wesentlich für die Personalauswahl ist jedoch die zunehmende Erkenntnis, Fähigkeiten wie Initiative, Verantwortungsbereitschaft, Motivation, Teamfähigkeit etc. für den beruflichen Erfolg mindestens ebenso bedeutend zu werten, wie fachliche Kompetenzen.[7]

Dabei muss man sich bei der Auswahl von Mitarbeitern fragen, welche Fähigkeiten durch Weiterbildung in adäquatem Zeit- und Geldaufwand veränderbar sind. Da Kenntnisse und Fertigkeiten sich durch Trainings relativ schnell verbessern lassen, ist bei Fähigkeiten, aufgrund ihrer Nähe zu allgemeinen Persönlichkeitsmerkmalen, mit höherer Stabilität zu rechnen. Auch dies ist ein Grund, warum Auswahlverfahren zunehmend die erforderlichen Fähigkeiten diagnostizieren sollten, denn was in der Auswahl versäumt wird, lässt sich mit Personalentwicklungsmaßnahmen nur unzureichend korrigieren. Man könnte demnach auch die Forderung aufstellen, Personalentwicklung stärker an Kenntnissen und Fertigkeiten auszurichten als an relativ stabilen Merkmalen wie Fähigkeiten oder sogar allgemeinen Persönlichkeitsstrukturen.[8]

1.3   Recruiting und Outplacement – eine Zweckehe?

Das klassische Recruiting hat eine militärische Vergangenheit und meint zunächst das Anwerben und die Auswahl von Rekruten. Während im Militär vor allem körperliche Auswahlkriterien angesetzt wurden, so kamen dort auch die ersten Personalauswahlverfahren zum Einsatz, bis hin zu psychologischen Tests. Ebenso hat das im Moment im Personalmanagement hoch im Kurs stehende Outplacement, also die Herauslösung von Mitarbeitern aus Unternehmen und deren Qualifizierung und Weitervermittlung auf den Arbeitsmarkt außerhalb eines Unternehmens, militärische Wurzeln. Sowohl amerikanische Streitkräfte als auch Standard Oil of New Jersey (heute Exxon) haben parallel aufgrund der schlechten Wirtschaftslage in den sechziger Jahren Konzepte zur Betreuung ausscheidender Angestellter entwickelt. Dabei wurde auf Erfahrungen zurückgegriffen, welche die amerikanische Regierung nach dem zweiten Weltkrieg mit der Wiedereingliederung ehemaliger Soldaten zurück in die zivile Wirtschaft gemacht hatte. Bereits in den 1960er Jahren begannen einige amerikanische Firmen dieses Verfahren auf die Unternehmen zu übertragen, da es sehr geeignet war, Mitarbeiter bei Bedarf sozialverträglich und ohne hohen gesellschaftlichen Imageverlust für das Unternehmen an den Arbeitsmarkt weiterzuvermitteln. Bereits in den 1970er Jahren

---

7   Vgl. Jetter, 2003
8   Vgl. Schuler, 2000, S. 35

war Outplacement als eigene Beratungsleistung in den USA verbreitet.[9] In der Folge fand diese Dienstleistung insbesondere in den 1980er Jahren auch in Deutschland Verbreitung, etwa als Erweiterung des Portfolios von Personalberatungen oder als Karriereberatung.

Dabei stellen Recruitment und Outplacement zwei Komplemente in mehrerer Hinsicht dar. Während Recruitment potentielle Mitarbeiter vom Arbeitsmarkt zu gewinnen sucht, bemüht sich Outplacement für Mitarbeiter eines Unternehmens einen neuen Job auf eben diesem Arbeitsmarkt zu gewinnen. Damit ergänzen sich beide hinsichtlich konjunktureller Wellen: In Zeiten hohen Personalbedarfs schwingt das Pendel zum Recruiting, in Zeiten schwacher Konjunktur hin zum Outplacement. Demnach war es nur eine Frage der Zeit, bis Unternehmen anfingen darüber nachzudenken, ob sie beide Tätigkeiten nicht in einer Abteilung sinnvoll verbinden können. Hinzu kommt, dass die Mitarbeiter einer solchen Abteilung zu einem großen Teil auf ähnliches Wissen zurückgreifen. Recruiter müssen den Arbeitsmarkt und die Wettbewerbsfirmen in der Branche kennen, zum Beispiel um geeignete Headhunter gezielt einsetzen zu können. Outplacementberater brauchen eben diese Kenntnisse, um zu wissen ob, bzw. mit welchem Erfolg und wohin sich ein Mitarbeiter mit seinen vorhandenen Qualifikationen auf dem externen Arbeitsmarkt entwickeln könnte.

Auch wenn es inzwischen das „Amalgam" solcher Recruitment- und Outplacement-Abteilungen bereits innerhalb von Unternehmen gibt, so bleibt abzuwarten, ob dies der Trend der Zukunft sein wird. Immerhin lässt sich so für die Unternehmen nicht nur flexibel auf Erfordernisse von außen reagieren, auch innerhalb des Personalwesens lassen sich so Ressourcen sehr agil, je nach Anforderung bewegen. Zusätzlich kann eine mögliche Job rotation zwischen Recruiter und Outplacementberater eine willkommene Personalentwicklungsmaßnahme sein. Auf der anderen Seite muss ein Unternehmen darauf achten, dass sich positiv konnotierte Dienstleistungen wie Recruitment und Placement bei Mitarbeitern nicht mit eher emotional kritisch belegten Begriffen wie Outplacement vermischen. Hier ist professionelle unternehmensinterne Kommunikation gefragt.

Der „Recruiting-Cycle" als chronologischer Ablauf der wesentlichen Recruitingschritte verdeutlicht die Nähe zu Outplacement, generellem Placement sowie Headhunting:

---

[9]   Insbesondere in der amerikanischen Rezessionsphase Anfang der 1970er Jahre setzte sich Outplacement zunehmend als Freisetzungsinstrument in der betrieblichen Praxis durch, auch wenn sich das Beratungsangebot zunächst lediglich auf ausscheidende Führungskräfte der mittleren und oberen Führungsschicht richtete. Heute beziehen sich Outplacementleistungen zunehmend auch auf Mitarbeiter- und Expertenfunktionen. Hierbei fand insbesondere die Form des Gruppenoutplacements Verbreitung. Vgl. Lavan u.a., 1983

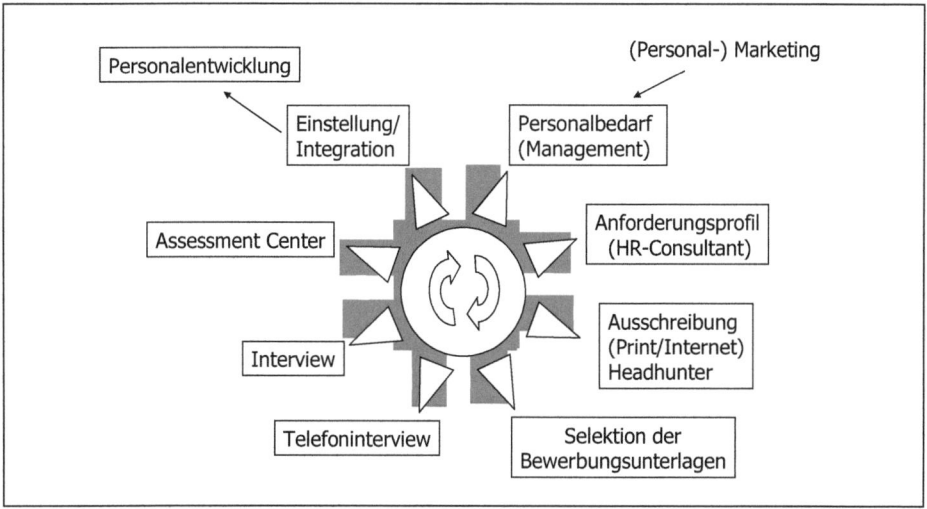

Abbildung 1-8: *Recruiting-Cycle*

1.4   Recruiting und Personalentwicklung

In der Vergangenheit haben wir zum großen Teil innerhalb der Organisation eines Unternehmens operative und strategische Bereiche getrennt voneinander gefunden. Demnach findet sich etwa klassisches Recruiting im operativen Personalwesen, in Personal- und Organisationsentwicklung etwa meist als Stabsbereich wieder. Diese Trennung beruht dabei nicht nur auf praktischen Erwägungen, sie geht bis auf humanistische Grundüberzeugungen zurück.

Die Annahme, Versäumnisse in der Personalauswahl ließen sich durch Personalentwicklungsmaßnahmen nur schwer korrigieren, hat dabei mehrere Facetten. Zum einen spielt natürlich die Überlegung von Folgekosten eine Rolle. So werden zum Beispiel bei einem höherem Verantwortungsbereich, den eine Führungskraft hat, auch Fehlentscheidungen von größerer Tragweite sein.

Das kann sich auf die Geschäftsstrategie des Unternehmens ebenso beziehen, wie auf die Motivation der geführten Mitarbeiter. Eine falsche Personalentscheidung zieht also nicht nur verschwendete Kosten für Werbung des neuen Mitarbeiters, die Kosten seiner Auswahl sowie die etwaigen Fluktuationskosten, also zum Beispiel die Kosten für eine neue Rekrutierung nach sich.

Auch die bereits getroffenen Fehlentscheidungen der Führungskraft können je nach Aufgabenbefugnis unerwartete Dimensionen nach sich ziehen, einschließlich demotivierter Mitarbeiter.

Unstrittig können personelle Fehlentscheidungen erhebliche Kosten verursachen. Strittig bleibt, ob Versäumnisse in der Personalauswahl durch entsprechende Entwicklungsmaßnahmen, sei es etwa durch Training oder Coaching aufgefangen werden oder sogar korrigiert werden können.

Die Kenntnisse, also etwa Sprach- oder EDV-Kenntnisse, sowie die erforderliche Berufserfahrung für eine Position lassen sich dabei ohne Schwierigkeiten aus dem Lebenslauf eines Bewerbers ersehen. Sollten Kenntnisse hier dennoch fehlen, oder sich mit der Zeit als unzureichend erweisen, lassen sie sich sehr gut mit klassischem Training oder Weiterbildung auffrischen bzw. erwerben.

Was sich aus dem Lebenslauf nicht ergibt, sind die Fähigkeiten, die ein Mensch mitbringt. Damit kann die Kommunikationsfähigkeit ebenso gemeint sein, wie die Analyse- oder die Durchsetzungsfähigkeit. Diese Fähigkeiten können für verschiedene Tätigkeiten auch sehr verschieden sein.

So braucht ein Vertriebsmitarbeiter unter Umständen eine bestimmte Extrovertiertheit, eine Freude am Kontaktknüpfen mit Menschen, sowie unter Umständen eine gewisse Eloquenz. Die Untersuchung dieser Kriterien bei der Auswahl eines Softwareprogrammierers würde hingegen keinen Sinn machen, da sie in keiner Relevanz zu seiner beruflichen Tätigkeit stehen.

Aber nicht nur hinsichtlich der zu besetzenden Tätigkeit, auch hinsichtlich der vorherrschenden Firmenkultur ist es dringend notwendig, Personalauswahl auf die bestehenden Verhältnisse abzugleichen. Jedes Unternehmen hat unterschiedliche Leitsätze, die sich in der Definition der gewünschten Fähigkeiten niederschlagen.

Die Frage, inwieweit Fähigkeiten nun potentiell entwicklungsfähig sind, geht dabei wohl im Kern auf die Divergenz genetischer versus milieutheoretischer Ansichten zurück. Dabei spielt sicher eine Rolle, dass ein großer Teil der Weiterbildungslandschaft von Pädagogen besetzt ist und damit historisch ein Fokus auf milieutheoretische Ansätze nicht überraschen muss.

Unabhängig davon sind nicht nur durch den fortschreitenden Einfluss der Personalentwicklung und die damit einhergehende Liberalisierung beruflicher Lebensläufe gerade durch die sich immer mehr und immer schneller verändernden Anforderungen der Arbeitswelt die beruflichen Schranken für Mitarbeiter aufgeweicht worden.

Sollte der Wunsch von Pädagogen und Personalentwicklern einmal wahr werden, dass Menschen auch in ihren Fähigkeiten weitgehend frei entwicklungsfähig sind, so setzt doch das eigene Wollen hier die entscheidende Weiche. Dementsprechend ergibt sich für die Personalauswahl für die Zukunft noch stärker die Forderung, die spezifische Motivation eines (potentiellen) Mitarbeiters zu analysieren.

1.5   Recruitment und Placement

Wie bereits erwähnt, ergibt sich somit die Frage, wie sinnvoll es sein kann, den operativen Teil des Recruitings mit dem Placement, das die Platzierung von Mitarbeitern meint und damit auch ein Teil der Personalentwicklung ist, zu verbinden. Insbesondere dann, wenn man in der Personalentwicklung nicht den strategischen Teil des Placement betrachtet, also zum Beispiel wie ein Unternehmen mit Förderkandidaten umgehen will, wie Potentialaussagen getroffen werden usw., sondern vielmehr den Beratungs- und Coachingaspekt von Personal-entwicklungsgesprächen betrachtet. Denn Recruiter und Placementberater haben tendenziell unterschiedliche „Hüte" auf, weil sie zunächst unterschiedliche Interessen verfolgen.

Während der Recruiter darauf achten muss, seine offenen Stellen mit dem besten Kandidaten zu besetzen und so darauf bedacht ist, bei allen Bewerbern Stärken und Schwächen möglichst klar sichtbar zu machen, setzt der Placementberater gerade beim Interesse des Kandidaten selbst an und versucht, ihn als Coach und Berater möglichst stark zu machen. Soweit findet sich der Interessenskonflikt auch beim Personalberater (Headhunter), der in der Regel ja auch beide Hüte auf hat.

Wenn Recruiter und Placementerater aber nicht nur von einer Person verkörpert werden, sondern auch im Gegensatz zum externen Personalberater in das Unternehmen eingegliedert sind, findet sich hinsichtlich des Bewerbungsprozesses eine weitere Interessenskollision. Denn jedes Unternehmen hat eigene Prozessabläufe, welche im Falle des Recruitings auch nur von Recruitern einsehbar sind.

Einerseits kann der Recruiter kein Interesse haben, diese internen Prozesse einem Bewerber transparent zu machen, andererseits verschaffen sie dem Placementberater natürlich Vorteile für seinen Kandidaten. Dazu würde auch der Einfluss des Recruiters auf die Führungskraft, welche die Stelle besetzt, zählen.

In der Praxis hat sich gezeigt, dass im Normalfall keiner dieser Konflikte nachteilig für Unternehmen oder Kandidaten geworden ist, es ist aber innerhalb des Unternehmens notwendig, die spezifischen Rollen von Recruiter und Placementberater zu definieren und zu kommunizieren.

In der Tat kann ein Unternehmen einen großen Nutzen in der Zusammenziehung beider Funktionen ziehen. So wird es gerade in Zeiten großen Personalbedarfs für einen Recruiter vorteilhaft sein, auf einen Pool von Placementkandidaten zurückgreifen zu können. Und Placementkandidaten, die sich verändern wollen, haben an der Seite des Recruiters die Möglichkeit, von den neuesten Entwicklungen auf dem internen Stellenmarkt zu profitieren.

1.6   Recruiting mit dem Allgemeinen Gleichbehandlungsgesetz (AGG)

Das AGG trat, als Durchsetzung von EU-Recht, im August 2006 auch in Deutschland in Kraft. Es versucht Diskriminierung anhand von acht Merkmalen zu verhindern. Die Kriterien sind ethnische Herkunft und Rasse, Weltanschauung und Religion, Geschlecht, sexuelle Identität, Behinderung und Alter. Dabei ist zu beachten, dass die Diskriminierung nicht nur unmittelbar, sondern auch mittelbar erfolgen kann. Werden beispielsweise Teilzeitkräfte diskriminiert, so lässt sich damit aufgrund der hohen Prozentzahl von teilzeitbeschäftigten Frauen auch mittelbar hier eine Diskriminierung nach Geschlecht anwenden.

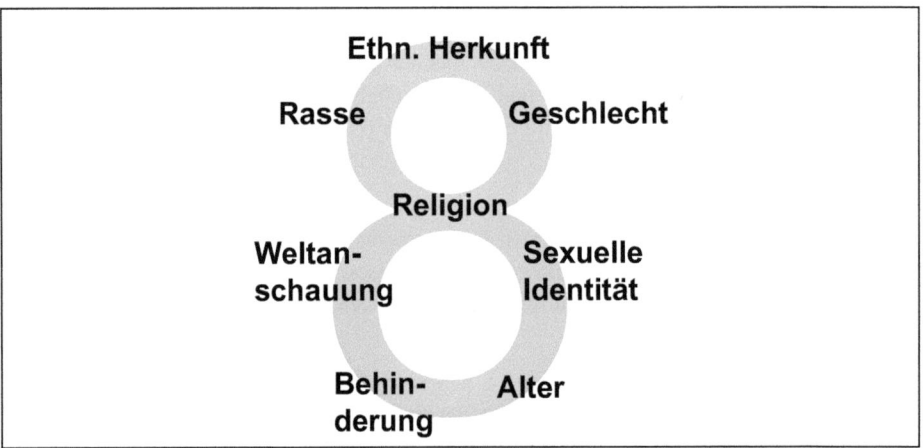

Abbildung 1-9: *Die acht Diskriminierungsmerkmale des AGG*

Es gibt aber drei Ausnahmen, bei denen die acht Merkmale nicht gelten, nämlich 1) wenn bestimmte berufliche Anforderungen vorliegen, 2) Maßnahmen, die gerade zur Verhinderung von Benachteiligung ins Leben gerufen wurden, dagegen sprechen sowie 3) spezielle Rechtfertigungsgründe. Insbesondere für die Personalbeschaffung hat das AGG große Auswirkungen. Dies beginnt in der Forderung, gemäß den acht Kriterien des AGG diskriminierungsfrei auszuschreiben sowie der Empfehlung, mindestens zwei Interviewer zu beteiligen[10] und ein strukturiertes Interview durchzuführen.[11] Es ist ebenfalls empfehlenswert, alle den Bewerber betreffenden Unterlagen so lange nach erfolgtem Absageschreiben an den Bewerber aufzubewahren, wie die mögliche Klagefrist läuft. Eine grundsätzliche Empfehlung lautet auch,

---

10   Die Interviewer können im Klagefall nur dann als Zeugen auftreten, wenn sie selbst nicht zugleich Unternehmer sind.

11   Siehe auch Kapitel 2.2.2 Ein strukturiertes Interview mit vorgegebenem Inhalt, das für alle Bewerber gleich verwendet wird, bietet den Vorteil, sehr genau etwaige fachliche Absagegründe zu belegen und bezüglich der Absage aufgrund von Qualifikation möglichen Diskriminierungskriterien entgegenzuwirken.

keine Absagegründe mehr zu nennen. Hintergrund ist die Angst, von Bewerbern ggf. beklagt zu werden, sollte eine unmittelbare bzw. mittelbare Diskriminierung nach den acht Kriterien des AGG zutreffen. Dies betrifft nicht nur externe Bewerber, sondern oft auch Bewerber, die sich innerhalb des Unternehmens auf Vakanzen bewerben.

So empfehlenswert dies arbeitsrechtlich sein mag, so wenig kundenfreundlich gestaltet sich dieses Vorgehen, weil Bewerber kein Stärken- bzw. Schwächen-Feedback mehr erhalten. Um dieses Feedback zu ermöglichen, ist es sinnvoll, Absagen von Mitarbeitern durchführen zu lassen, die im AGG bewandert sind bzw. diese Aufgabe gleich an einen kompetenten Personalmitarbeiter abzugeben. Auch nach den Richtlinien des AGG ist es weiterhin möglich, detaillierte Absagegründe zu nennen, solange man dies professionell tut, also die Absage streng an Merkmalen der fehlenden Qualifikation ausrichtet.

Zum einen ist es kundenfreundlich, dem Bewerber ein detailliertes Stärken/Schwächen-Feedback zu geben. Es zeigt, dass sich ein Unternehmen mit dem Bewerber auseinandergesetzt hat und die Absage aufgrund von präzisen, wohlüberlegten, fachlichen Gründen passiert. Ein solch qualifiziertes Feedback, das sich anhand der beobachteten Leistung orientiert, läuft auch nicht Gefahr, in Hinsicht auf das AGG kritisiert zu werden.

Zum anderen bleiben auch mit dem AGG Differenzierungsgründe, zum Beispiel hinsichtlich bestimmter beruflicher Anforderungen immer noch gegeben. Durch den Druck des AGG, dieses Feedback nur anhand von fachlich qualifizierten Gründen aufrechterhalten zu können, wird sich hoffentlich die Qualität der Rückmeldungen generell verbessern. So werden die Bestimmungen des AGG letztlich dazu führen, dass Feedbackinstrumente und damit auch die vorgeschalteten Auswahlinstrumente an Qualität gewinnen und eine Verbesserung für den Bewerber darstellen.

Auch Feedback innerhalb bzw. im Nachgang eines Auswahlverfahrens kann somit weiterhin gegeben werden und ist aufgrund der starken Strukturierung beispielsweise eines Assessment Centers noch unverfänglicher als nach einem Interview. Denn das Feedback richtet sich in der Begründung der beobachteten Stärken und Schwächen streng nach den wahrgenommenen und dokumentierten Kompetenzen, die mehrere Beobachter im Konsens festgestellt haben.

So führt die Anwendung des Allgemeinen Gleichbehandlungsgesetzes zu einem größeren bürokratischen Aufwand für die Unternehmen, aber auch zugleich zu einer Erhöhung der Qualität im Auswahlverfahren für die Bewerber, sowie einer generellen Verringerung von Diskriminierung.

Das AGG ist ein Gesetz zur Verhinderung von Diskriminierung. Hierbei sollte nicht vergessen werden dass eine Gleichstellung im Sinne eines Benachteilungsverbots gemeint ist. Es ist kein Anspruch auf Besserstellung damit verbunden. Religiöse Gruppen, die beispielsweise ihre jeweiligen Feiertage anerkannt haben wollen, können dies nicht begründen. Auch ist immer zu beachten, dass das AGG auf arbeitsbezogene Gleichstellung abzielt.

Lädt ein Arbeitgeber beispielsweise nur ausgewählte Mitarbeiter zu einer Privatfeier nach Hause zu sich ein, so könnten beispielsweise nicht eingeladene Mitarbeiter, die einer bestimmten geschützten Gruppe angehören, keinen Einspruch erheben. Schwierig wird es freilich dort, wo Arbeit und Privates zusammen-fallen oder sich in einer Grauzone vermischen, so z.B. auf Dienstreisen. Hier kann ein Hinweis in den jeweiligen Unternehmensrichtlinien helfen, wieweit z.B. Dienstreisen als Arbeitszeit abgerechnet werden können und damit als Arbeitszeit gelten.

Grundsätzlich gilt mit dem AGG bezüglich der Entgeltpolitik „Gleiche Vergütung für gleiche Arbeit". Dies gilt auch für alle Vergütungsbestandteile wie Grundentgelt, Zulagen, Prämien, Erfolgsbeteiligungen oder auch Sachbezüge. Je stärker ein Unternehmen die Vergütung an objektive Faktoren wie Qualifikation, Führungsverantwortung, Leistung, Erfolg oder auch besondere Arbeitsbelastungen knüpft, umso unverfänglicher lässt sich eine in der Praxis erfolgende Vergütungsdifferenzierung begründen.

Eine Staffelung des Entgelts nach Berufsjahren beispielsweise kann deshalb dann nicht als mittelbare Diskriminierung nach dem Alter bezeichnet werden, wenn nachgewiesen werden kann, dass mit den Berufsjahren die erforderliche Qualifikation zugenommen hat und somit ein objektives Kriterium, nämlich das erhöhter Leistungserbringung, vorliegt.

Sucht ein Unternehmen Mitarbeiter mit „mindestens 3 Jahren Berufserfahrung" so liegt auch hier keine Diskriminierung von Hochschulabsolventen und damit mittelbare Diskriminierung von Jüngeren vor, wenn die Ausschreibung beispielsweise den Zusatz enthält „in der IT Branche". Damit wird die Berufserfahrung an notwendige Qualifikationen geknüpft.

Eine Objektivierung der Anforderungen sollte, wo es möglich ist, bereits in bestehende Anforderungsprofile Eingang finden und damit auch als Grundlage für die darauffolgende Personalauswahl bilden.

Verständnisfragen

- Wie wird sich der Bewerbungsmarkt in den nächsten Jahren wahrscheinlich entwickeln?

- Was spricht für ein Unternehmen dafür, Recruiting und Outplacement in einer Abteilung zu bündeln?

- Warum kann zwischen Recruitment und Placement ein Interessenskonflikt entstehen?

- Welche acht Kriterien nennt das Allgemeine Gleichbehandlungsgesetz (AGG)?

- Darf man Bewerbern aufgrund des AGG in Zukunft noch Absagegründe nennen? Wenn ja, wie?

- „Mitarbeiter/-in für junges Team gesucht. Mobilität ist dringend gefordert." Warum ist dieser Text nicht AGG-konform? Wie müsste die Formulierung rechtlich einwandfrei lauten?

- Wie viele Verstöße nach dem AGG enthält der folgende Anzeigentext? Begründen Sie! „Bildhübsche, dynamische Anwältinnen zwischen 25 und 35 Jahren mit deutlich zweistelligen Examina und akzentfreiem Englisch gesucht."

2.   Methoden der Personalauswahl

2.1   Anforderungsprofil

Wenngleich das Anforderungsprofil kein Auswahlinstrument ist, stellt es doch die grundlegende Basis für jede Auswahl dar. Wenn man nicht weiß wen man sucht, kann man ihn auch nicht finden. Bevor wir zu den Auswahlverfahren kommen, sollten wir zunächst klären, wie ein sinnvolles Anforderungsprofil aussehen sollte. Es ist dabei unumgänglich, das Kompetenzmanagement eines Unternehmens und damit den größeren Zusammenhang, in dem ein Anforderungsprofil steht, zu berücksichtigen.

Hier werden die Jobprofile in Jobfamilien gebündelt und verschiedene Entwicklungslinien horizontaler oder vertikaler Art festgelegt. Dies bietet den Mitarbeitern den Vorteil, mögliche „Entwicklungslandkarten" innerhalb der eigenen Jobfamilie zu erkennen (als horizontale Entwicklung: Sidesteps, job enrichment etc. oder vertikale Entwicklung in Richtung einer Höherentwicklung) und zukünftige Schritte im Rahmen eines Personalentwicklungsplanes anzugehen. Ein Anforderungsprofil sollte demnach abgestimmt auf das Kompetenz-Management-System des Unternehmens die jeweiligen relevanten Kriterien ausweisen.

Dies könnte eine Aufteilung in Aufgabenbeschreibung (in % nach Teilaufgabengewichtung), Eingruppierung, Kenntnisse (unterteilt in basic, advanced, expert), Erfahrungen und Fähigkeiten (abgeleitet vom Unternehmensleitbild) sein. Je detaillierter ein Anforderungsprofil ist, umso besser kann es direkt in die Erstellung einer Planstellenanforderung bzw. einer Stellenausschreibung einfließen. Die Vorarbeit zahlt sich somit in jedem Fall aus.

Auf die Erstellung eines Anforderungsprofils soll im Folgenden nicht näher eingegangen werden, da dieses nicht zu den eigentlichen Auswahlmethoden gezählt werden kann und es darüber auch ausreichende Beschreibungen in der Literatur gibt.[1] Es sei aber darauf hingewiesen, dass es sich als sinnvoll erwiesen hat, zur Erstellung ein arbeitsplatzanalytisches Verfahren wie die Critical Incident Technique (CIT) zu verwenden. Dort werden Inhaber der Zielposition zu spezifischen Berufssituationen befragt, ihr jeweiliges Verhalten und die sich daraus ergebenden Folgen werden analysiert und skizziert. Die damit erhobenen Fragestellungen lassen sich sehr gut und ohne großen Transfer als Bausteine im Auswahlverfahren, zum Beispiel als Fragen nach dem Verhaltensdreieck verwenden.[2]

---

[1]   Zum Beispiel Dunckel, 1999 oder Jetter, 2003
[2]   Siehe Kapitel 2.2.2

2.2   Bewerbungsgespräch

Das Bewerbungsgespräch, oft auch einfach nur Interview genannt, ist sicher das am häufig angewandteste Auswahlverfahren. Nach wie vor gilt das strukturierte Interview als beste Methode und ist zugleich die am häufigsten eingesetzte. Das liegt daran, dass sie flexibel und zugleich ökonomisch ist, eignungsdiagnostisch fundiert, leicht erlernbar, schnell multiplizierbar und bei Bewerbern und Führungskräften gleichermaßen als beliebtestes Instrument anerkannt.[3]

Es zeigt sich zwar, dass Bewerber vor strukturierten Interviews mehr Respekt haben als im freien Gespräch, andererseits sind Bewerber auch von der Vorbereitung der Interviewer beeindruckt.[4] Das Interview ist billiger als ein Assessment Center, denn man benötigt normalerweise nur eine Stunde Zeitaufwand, und meistens werden auch nicht mehr als zwei Interviewer auf Unternehmensseite notwendig sein. Der Inhalt des Bewerbungsgesprächs unterscheidet sich aber nicht nur von Unternehmen zu Unternehmen, sondern auch innerhalb ein und desselben Unternehmens gewaltig.

Jeder Bewerber kennt aus eigener Erfahrung die Bandbreite von Gesprächen, die von gemütlicher Unterhaltung bis zum strukturierten Stressgespräch reichen können. Hier muss sich ein Unternehmen im Klaren sein, dass Sinn und Zweck des Interviews nicht nur sein muss, möglichst viel über einen Bewerber zu erfahren, sondern auch das Unternehmen wird auf Grundlage dessen, was im Interview geschieht, vom Bewerber auf den Prüfstand gestellt.

Schließlich sieht ein Bewerber die anwesenden Interviewer als Firmenvertreter und deren präsentierte Kultur wird mit der gesamten Firma gleichgesetzt und fällt immer auf das Image des Unternehmens zurück. Dies ist der erste Grund, warum sich Firmenvertreter immer gut auf ein Bewerbungsgespräch vorbereiten sollten. Die anderen Gründe liegen ebenso auf der Hand. Nur wenn bestimmte Qualitätskriterien eingehalten werden, wird ein Interviewer die Informationen, die er von einem potentiellen späteren Mitarbeiter erhalten will, auch valide erhalten.

2.2.1   Vor dem Interview

Bereits bevor sich Bewerber und Unternehmensvertreter zum ersten Mal persönlich begegnen, sind in der Regel schon einige Kontakte erfolgt, die nicht nur für das Gespräch selbst Wirkung entfalten können. Unerfreuliche Kontakte im Vorfeld lassen unter Umständen das Bewerbungsgespräch sogar platzen. Sofern ein Bewerber nach Eingang seiner Bewerbung einen Eingangsbescheid erhalten hat und ein ebenso professionelles Einladungsschreiben zu einem persönlichen Gespräch, werden manche Bewerber für einen ersten persönlichen Ein-

---

3   Vgl. Jetter, 2003
4   Siehe dazu auch Kohn/Diopboye, 1998

druck nicht auf das Interview warten, sondern bereits im Vorfeld versuchen, Kontakt aufzunehmen. Auch wenn für den Firmenvertreter der Kontakt ungelegen sein mag, sollte man sich Zeit nehmen, um bereits einen ersten Eindruck vom Bewerber bekommen. Warum ruft er im Vorfeld an? Klingt die Stimme freundlich und zeigt der Bewerber Kommunikationsstärke? Bleibt nach dem Telefonat der Eindruck, dass dies sinnvoll war?

Einige Firmen gehen dazu über, einem Bewerbungsgespräch ein Telefoninterview vorauszuschicken. Hierbei sollte man sicher sein, dass das Telefoninterview am Schluss eine Beurteilung enthält. Schließlich liegt der Sinn in der Verwendung eines zusätzlichen vorgeschalteten Auswahlinstrumentes darin, die Auswahl objektiver und valider zu machen. Wie bei allen Auswahlinstrumenten auch, gebietet es auch hier sowohl Fairness als auch gute Firmenkultur, ein Auswahlinstrument vorher anzukündigen. Wenn ein Unternehmen generell Telefoninterviews vorschaltet, sollte dies dem Bewerber vorher schriftlich mitgeteilt werden. Ebenso sollte ein Termin vereinbart werden, so dass sich ein Bewerber vorbereiten kann und nicht von dem Gespräch überrascht wird.

Bewerber sollten sich immer auf ein Interview vorbereiten. Dabei gibt es konkrete Situationen, die unabhängig von Firma und Aufgabe sich nahezu wiederholen und nur schlecht vorbereitete Bewerber zeigen sich in Interviews überrascht. Die üblichen Fragetechniken im Interview (siehe weiter unten) sollten von jedem Bewerber beherrscht werden, sodass Fragen nach dem Verhaltensdreieck ohne weiteres beantwortet werden können.

Auch inhaltlich sollte kein Bewerber überrascht sein, wenn Fragen nach Teamfähigkeit, Verantwortung, Konfliktfähigkeit oder dergleichen gestellt werden. Eine professionelle Vorbereitung wird niemals unauthentisch wirken und auf jede Frage sollte ein Bewerber mindestens zwei Beispiele zur Stützung seiner Fähigkeiten nennen können. Im Folgenden sprechen wir einige typische, oft als heikel empfundene Fragen im Interview an. Die richtige Antwort gibt es dabei nicht, da diese situativ und auf den jeweiligen Interviewer bezogen variiert, aber wir können eine Art „best practice" für die meisten Situationen anführen.

„Heikle Fragen" im Interview

■ „Erzählen Sie etwas über sich selbst"

Eine tolle Chance für Sie: Beginnen Sie mit dem Interessantesten und Wichtigsten. Dieser Teil des Interviews kommt immer wieder so sicher wie das Amen in der Kirche. Zeigen Sie sich hier nicht erstaunt oder unvorbereitet im Sinne „Ja, wo soll ich denn da anfangen?" Legen Sie sich einen Selbstmarketingtext (nicht länger als ein oder zwei Minuten zurecht, wo Sie mit einem Spannungsbogen Ihre Stärken anhand Ihrer Biographie darstellen.

■ „Welches sind Ihre Stärken?"

Sie sollten in der Lage sein, drei oder vier Stärken aufzuzählen (unterstützt durch biographische Beispiele), die in engem Bezug zu den Anforderungen des Unternehmens stehen.

■ „Wo sehen Sie Ihre Grenzen?"

Beantworten Sie diese Frage beispielsweise mit der Nennung einer Ihrer Stärken, die, wenn sie zu stark ausgeprägt ist, sich als hinderlich erweist und in eine Schwäche umschlagen kann. So könnten Sie z. B. sagen: "Mein Ehrgeiz, eine Sache fertig zu stellen, drückt sich manchmal in etwas überzogenen Anforderungen an meine Organisation aus. Aber ich bin mir dieses Problems bewusst."

■ „Wie müsste für Sie das ideale Arbeitsumfeld aussehen?"

Hier können Sie einige Ihrer Vorlieben und beruflichen Wunschvorstellungen anbringen. Schildern Sie diese Punkte praxisnah und realistisch. Achtung: Matchen Sie Wunsch und unternehmerische Wirklichkeit!

■ „Arbeiten Sie lieber mit Zahlen oder Worten?"

Die Antwort muss natürlich zum Tätigkeitsfeld passen, z. B. Controlling oder Rechtsabteilung.

■ „Wie verhalten Sie sich unter Termindruck?"

Schildern Sie ein Beispiel, das zeigt, dass Sie mit terminlichem Druck umgehen können, also bei Bedarf schnell arbeiten können und nicht vom Druck „gelähmt" werden.

■ „Beschreiben Sie eine Situation, in der Ihre Arbeit kritisiert wurde."

Seien Sie kurz und präzise. Vermeiden Sie, emotional oder defensiv zu antworten. Bleiben Sie bei der Wahrheit, aber betonen Sie einen positiven Ausgang. Wichtig ist, dass Sie Lern- und Kritikfähigkeit demonstrieren.

■ „Was können Sie uns bieten?"

Da Sie vor Ihrem Gespräch etwas über die Art der vorgesehenen Tätigkeit in Erfahrung gebracht haben, können Sie einige Ihrer früheren Erfolge aufzählen, bei denen es Ihnen gelungen ist, Probleme zu lösen, die denen Ihres zukünftigen Arbeitgebers gleichen. Hier ist auch der Zeitpunkt ihre USP (Ihre Unique Selling Proposition: ihr Alleinstellungsmerkmal) hervorzuheben. Was können Sie im Vergleich zu anderen besonders gut?

■ „Was wissen Sie über unser Unternehmen?"

Wenn Sie gute Vorarbeit geleistet haben, haben Sie das gesamte öffentlich verfügbare Informationsmaterial gelesen und können am Besten Ihr Interesse mit einigen daraus entsprungenen Fragen dokumentieren.

■ „Warum möchten Sie für uns arbeiten?"

Hier möchte kein Arbeitgeber hören, dass er eine unter vielen gleichwertigen Möglichkeiten ist. Überlegen Sie, was Sie speziell an dieser Firma motiviert und was auch die USP der Firma und dementsprechend ihr Selbstverständnis ausmacht.

■ „Was ist für Sie der interessanteste Aspekt der hier besprochenen Position? Und welcher Aspekt interessiert Sie am wenigsten?"

Erwähnen Sie drei oder vier interessante Punkte und höchstens ein oder zwei unerhebliche Dinge, die Sie weniger interessieren. Dabei ist Vorsicht geboten, vielleicht hat sich aufgrund personeller Veränderungen das Anforderungsprofil verschoben und ein vermeintlich unwichtiger Aufgabenaspekt gewinnt an Bedeutung. Am Besten schließen Sie nichts kategorisch aus.

■ „Welches Gehalt, glauben Sie, ist angemessen für die anstehende Position?"

Eine wirklich heikle Frage. Wenn Sie nicht wirklich Bescheid wissen, sollten Sie sich in allgemeine Floskeln retten wie „ Ich bin sicher, Sie bezahlen der Position angemessen." Stellen Sie Ihre Motivation für die Firma und die Aufgabe in den Vordergrund, nicht Ihre Vergütung. Dagegen entscheiden können Sie sich immer noch, sobald Ihnen das Vertragsangebot vorliegt und bei großen Konzernen mit Manteltarifverträgen ist der Spielraum auch oft nicht sehr groß. Bereits bei der schriftlichen Bewerbung Ihre Gehaltsforderung anzugeben, verschlechtert unter Umständen Ihre Position, auch wenn dies ausdrücklich in der Ausschreibung gewünscht wird. Sie können stattdessen diplomatisch Ihr letztes Gehalt nennen.

■ „Wie sehen Ihre Ambitionen für die Zukunft aus?"

Verweisen Sie darauf, dass es Ihnen zunächst darum geht, sich auf die unmittelbaren Anforderungen der Tätigkeit zu konzentrieren und sie gut zu erfüllen. Deuten Sie an, dass Sie aber durchaus am persönlichen Vorwärtskommen interessiert sind. Vermeiden Sie es, beim Gegenüber den Eindruck zu erwecken, dass Sie, einmal eingestellt, an seinem/ihrem Stuhl sägen könnten.

■ „Wie sehen Ihre langfristigen Ziele aus?"

Statt einer allgemeinen Schilderung beziehen Sie Ihre Antwort auf das Unternehmen, bei dem Sie das Vorstellungsgespräch führen. Antworten Sie so präzise wie möglich, d. h. seien Sie sich im Klaren darüber

was Sie wollen,

wie die Position konkret benannt wird (Jobprofil),

dass die Position im Unternehmen vorhanden ist und

was sie noch lernen müssen, um den Anforderungen gerecht zu werden.

■ „Wie sieht Ihr Führungsstil aus?"

Wenn die angestrebte Position Führungsaufgaben beinhaltet, sollten Sie darlegen, wie Sie Ziele setzen und motivieren. Am Besten unterstützen Sie diese Aussagen durch dokumentierte Performance wie 360°-Beurteilungen, Vorgesetztenbeurteilungen etc.

■ „Warum wollen Sie Ihre jetzige Position verlassen?"

Seien Sie ehrlich. Wenn es sich um eine erzwungene Einsparungsmaßnahme handelt, dann machen Sie dies auch deutlich. Falls dies möglich ist, erwähnen Sie, dass Ihre Entlassung Teil einer größeren Bewegung war. Vermeiden Sie, Reibungspunkte mit Ihrem Vorgesetzten zu analysieren.

■ „Wie denken Sie über Ihren früheren Vorgesetzten bzw. Ihren früheren Arbeitgeber?"

Versuchen Sie, die Frage so positiv wie möglich zu beantworten und vermeiden Sie, zu tief in das Thema einzusteigen. Dies ist eine Fangfrage, weil ein streitsüchtig oder schwierig erscheinender Mitarbeiter die meisten Vorgesetzten abschreckt. Unsere Menschenkenntnis neigt dazu, Konflikte allen Beteiligten zuzuschreiben. Selbst wenn Sie also übel gemobbt wurden und auch denken, dies eindeutig zu Ihren Gunsten darstellen zu können, wird Ihnen Ihr Gegenüber wahrscheinlich nicht voll zustimmen können. Aus der unbeteiligten Entfernung entsteht unter Umständen das Gefühl: „Da hat es aus irgendeinem Grund Ärger gegeben." Versuchen Sie möglichst die positiven Aspekte Ihres früheren Arbeitgebers bzw. Ihrer Führungskraft herauszustellen. Wo Ihnen das nicht authentisch möglich ist, verlassen Sie das Thema zügig.

Jeder Bewerber, der schon mehrere Interviews lebendig überstanden hat, weiß dass die aufgeführten Fragen wahrlich gar nicht so heikel sind, wie die Praxis durchaus werden kann. Dennoch zeigen sich viele Bewerber schon anhand der oben skizzierten Anforderungen als unvorbereitet und überrascht. Dabei gehören diese noch zum normalen Repertoire jeder seriösen Firma.

Bewerber sollten sich ein dickes Fell zulegen, denn es gibt auch Firmen, die Fragen stellen, welche durchaus unprofessionell und provozierend sind, und dabei bleibt ihr eignungsdiagnostischer Wert fraglich. Sollten Sie also mit minutenlangem Schweigen verunsichert werden, oder der Interviewpartner Ihre Antwort gar kommentieren mit „Das glaube ich Ihnen nicht" etc.: Bleiben Sie ruhig und sachlich. Sie können sich später immer noch überlegen, ob Sie in einer solchen Firmenkultur arbeiten wollen. Lassen Sie sich vor Ort jedenfalls nicht aus der Ruhe bringen. Denn das ist bei solchen Provokationen meist die Intention. Es kann aber auch sein, dass Ihr Gegenüber keine Ahnung davon hat, wie man Interviews führt.

2.2.2 Das strukturierte Interview

Es ist soweit, der Bewerber besucht das Unternehmen. Idealerweise kennt der Bewerber bereits aus der schriftlichen Einladung die teilnehmenden Gesprächsteilnehmer namentlich. Aufgrund des Allgemeinen Gleichbehandlungsgesetzes (AGG) sollte ein Unternehmen einem Bewerber immer mit mindestens zwei Firmenvertretern begegnen.[5] Auch vor der Zeit, als dies arbeitsrechtlich geboten war, gab es qualitative Gründe, einen Bewerber mit mindestens zwei Interviewern zu befragen.

---

5   Vgl. Gaul/Naumann: Entwurf des AGG, ArbRB 2006. Damit hat das Unternehmen im Klagefall zwei unternehmensseitige Zeugen.

Je mehr Firmenvertreter anwesend sind, umso weniger Fehlentscheidungen sind möglich und umso valider lässt sich die Leistung beurteilen, insbesondere wenn die Interviewer strukturiert vorgehen und dementsprechend auch einen Vergleichsmaßstab in der Beurteilung haben.[6] Es ließ sich durch Return of Investment-Untersuchungen zeigen, dass sich die Durchführung strukturierter Interviews in betriebswirtschaftlichem Nutzen niederschlagen.[7] Wie gehen Interviewer nun strukturiert vor, und welcher Aufbau empfiehlt sich für ein Bewerbungsgespräch? Meistens werden Bewerbungsgespräche in etwa den folgenden Aufbau haben:

1. Begrüßungs- und Aufwärmphase

Firmenvorstellung

Bewerbervorstellung

Fokussierung der neuen Aufgabe

Klärung offener Fragen und Abschluss bzw.

für die Interviewer die Beurteilung.[8]

In der Begrüßungsphase sollten die Firmenvertreter den Bewerber zunächst nach seinem Befinden fragen, der Anreise, ob alles gut gefunden wurde etc. Es bietet zum einen die Gelegenheit, sich auf den anderen einzustimmen als auch für den Bewerber nicht nur physisch, sondern auch psychisch anzukommen.

Nachdem Getränke etc. angeboten wurden, sollten sich die Vertreter des Unternehmens vorstellen und noch einmal kurz erläutern wie lange das Gespräch dauern wird, ob es ggf. Folgegespräche geben wird etc. Auch wird es hier einige Worte zum Unternehmen generell geben, auch Kurzvideopräsentationen können sinnvoll sein. Beispielsweise bei emotional behafteten Produkten kann ein Video viel mehr vermitteln als eine Unternehmenspräsentation über Folien.

Als nächstes sollte der Bewerber aufgefordert werden, seinen Lebenslauf darzustellen. Manche Interviewer werden gezielt nach Stationen fragen oder etwa „Knicken" im Lebenslauf, andere werden den Bewerber selbst wählen lassen, was für ihn die wichtigsten Stationen seines Lebens bzw. seiner Qualifikationen waren.

Welche Philosophie die Interviewer auch wählen, entscheidend ist es, den Redeanteil des Bewerbers möglichst hoch zu halten. Schließlich wollen die Interviewer etwas über den Bewerber erfahren und das geht nur, wenn dieser auch die Möglichkeit dazu hat.

---

[6] Die Konzeption des strukturierten Interviews geht auf Pursell/Campion/Gaylord, 1980 zurück.

[7] Unter anderem Verringerung der Fluktuation um 45 % oder bessere Beurteilung dieser Mitarbeiter. Vgl. Daum, 1992, S. 83

[8] Siehe als Beispiel Anhang 1

Das heißt aber nicht, dass der Bewerber ungezähmt reden sollte. Gerade eloquente und geübte Bewerber werden die Zeit so zu ihren Gunsten zu nutzen wissen. Vielmehr geht es darum, den Bewerber mit gezielten Fragen, dazu zu bringen, das zu erzählen, was die Interviewer wissen wollen. Hier gilt: Wer fragt, führt. Wie man diese Fragen am besten formuliert, wird im Folgenden erläutert.

Damit im strukturierten Interview der rote Faden nicht verloren geht, macht es Sinn, dass die Interviewer bereits am Anfang des Gesprächs darauf verweisen, dass der Bewerber am Ende des Gesprächs noch Zeit hat, seine Fragen zu stellen. Wenn zwei Interviewer eingesetzt werden, können sie sich die Fragen so aufteilen, dass sich je ein Interviewer voll und ganz auf den Bewerber konzentriert und Fragen stellt, während der andere seine Notizen ergänzt und auf die eigenen Fragen vorbereitet.[9]

Die konkrete Vorstellung der Zielfunktion sollte erst nach der Vorstellung des Bewerbers erfolgen, um zu verhindern, dass sich Bewerber an den erwünschten Aspekten bezüglich ihrer Antworten orientieren. Nach den Kenntnissen wird im Weiteren, in Anlehnung an die Struktur des Anforderungsprofils, die relevante Berufserfahrung zu thematisieren sein. Schließlich bilden die Soft Skills, also die sogenannten Schlüsselqualifikationen oder Fähigkeiten den Schwerpunkt des Interviews. Kenntnisse und Erfahrungen sind den Interviewern ja bereits aus dem Lebenslauf ersichtlich.

Gegebenenfalls bieten die Arbeitszeugnisse hier ergänzenden Aufschluss. Allerdings sind Zeugnisse als das am wenigsten valide Auswahlkriterium zu sehen.[10] So sollte die Klärung der Fähigkeiten einen nicht unerheblichen Teil des Interviews einnehmen. Gerade weil die Selbstaussage im Lebenslauf oder im Anschreiben hierzu nicht in Betracht gezogen werden kann, (zum Beispiel „Sie gewinnen mit mir einen durchsetzungsfähigen und äußerst teamfähigen Mitarbeiter") lohnt es sich, hinsichtlich der Bewertung der Fähigkeiten möglichst valide Auswahlinstrumente einzusetzen.

Sollte aufgrund von Zeit- und Ressourcenaufwand ein Assessment Center nicht durchzuführen sein, empfiehlt es sich, zur Erhöhung der Validität im Interview, in jedem Fall die Abfrage der Fähigkeiten mit Hilfe von Fragetechniken zu ergänzen. Wie formuliert man nun diese Fragen am Besten?

Offene Fragetechniken nach dem Verhaltensdreieck

Zunächst ist es immer sinnvoll, offene Fragen zu formulieren, die so genannten W-Fragen. Damit sind Fragen gemeint, die mit Wie, Was, Warum, Wann usw. beginnen, zum Beispiel „Weshalb würden Sie sich als Teamplayer bezeichnen?" Solche Fragen laden das Gegenüber

---

9   Zwei Interviewer einzusetzen macht sowohl in Hinsicht auf die Qualität wie auch aus arbeitsrechtlichen Gründen Sinn, siehe Kapitel 1.6

10 Aufgrund der Rechtslage sind Arbeitszeugnisse immer wohlwollend zu formulieren. „Versteckte" oder kodierte Hinweise weisen deswegen häufiger auf einen unprofessionellen Verfasser hin als dass hiermit ein Mehrwert für die Auswahl zu erzielen ist.

ein, zu erzählen. Dagegen sind sogenannte geschlossene Fragen weniger geeignet, über das Gegenüber etwas zu erfahren. Sie kennzeichnen sich dadurch, dass sie mit Ja oder Nein beantwortet werden können. Da diese Fragen bereits eine Antwort unterstellen, werden sie auch Suggestivfragen genannt, zum Beispiel „Sie bringen doch die notwendigen EDV-Kenntnisse für diese Stelle mit?"

Die Validität[11] der gestellten Fragen lässt sich nun noch weiter erhöhen, wenn die offenen Fragen im Rahmen des so genannten Verhaltensdreiecks gestellt werden. Das Verhaltensdreieck beinhaltet die drei Komponenten:

1. Situation

Verhalten

Ergebnis.

Zu diesen Komponenten werden nun die offenen Fragen gestellt. Beispielsweise: „Wann haben Sie schon einmal in einem Projekt mitgewirkt? Welche Rolle hatten Sie inne? Welche Ergebnisse wurden erreicht?"

Oder: „Beschreiben Sie bitte eine Situation, in der Sie sich gegenüber anderen durchsetzen und positionieren mussten. Wie haben Sie sich verhalten? Was war das Ergebnis?"

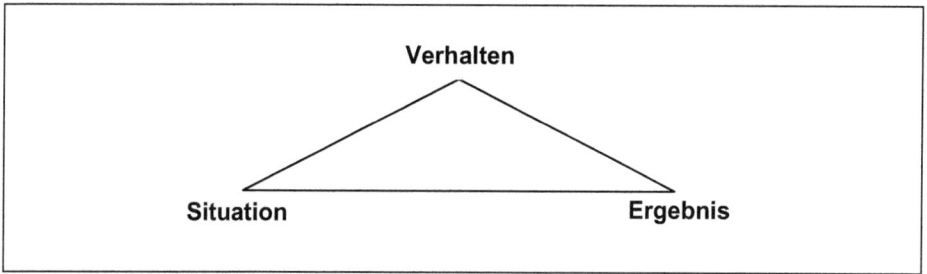

Abbildung 2-1: *Verhaltensdreieck*

Woran liegt es nun, dass Fragen nach dem Verhaltensdreieck die Validität erhöhen? Ähnlich dem Assessment Center wird damit der hypothetische Anteil in der Kommunikation verringert und konkretes Verhalten und dessen Wirkung besprochen. Das Assessment Center bietet eine fast vollständige Simulation der Wirklichkeit. Dies kann das Interview nicht, da es sich immer in der sprachlichen Wirklichkeit aufhält und damit eine Metaebene über der Verhaltensebene der Wirklichkeit bildet. Die oft behauptete geringere Validität des Interviews gegenüber dem Assessment Center liegt demnach darin, dass es für den Bewerber immer noch leichter ist, die Interviewer im Sprechen über sein Verhalten zu täuschen, als ein konkretes Verhalten selbst, beispielsweise bei einem Assessmenttag, vorzutäuschen. Solange Interviewer nicht mit Hilfe des Verhaltensdreiecks operieren, ist es für den Bewerber sicherlich noch

---

11 Mit Validität ist hier die Prognosegüte gemeint, die durch dieses Verfahren gemessen werden kann. Eine Einführung in eignungsdiagnostische Begriffe findet sich in Kapitel 5.

einfacher, den Interviewern etwas vorzuspielen. Das lässt sich natürlich auch mit dem Verhaltensdreieck nicht ausschließen. Aber damit wird es für den Bewerber schwieriger, weil er konkrete Situationen beschreiben muss.

Verhaltensorientierte Fragen im Interview verhindern Fehlinterpretationen durch konkrete Beispiele und beugen falschen Urteilen vor, da weniger persönliche Eindrücke denn konkretes Verhalten im Mittelpunkt steht. Dies macht es dem Bewerber schwer, sich zu verstellen, da ein Bewerber nicht leicht in der Lage ist, auf konkrete Fragen spontan schlüssige aber unwahre Antworten zu geben.[12] Selbst mit sehr guter Vorbereitung verringert sich für Bewerber die Erfolgswahrscheinlichkeit, auf alle Fragen konkrete Situationsbeschreibungen vorlegen zu können. Mit dem Gesagten soll Bewerbern keineswegs unterstellt werden, dass sie generell eine Täuschung zur Absicht haben. Die Absicht von Auswahlinstrumenten muss dennoch immer sein, den Bewerber möglichst authentisch hervortreten zu lassen. Verhaltensbeschreibungsfragen sind als valider zu betrachten als situative Fragen. Situative Fragen zielen im Gegensatz zu Verhaltensbeschreibungen nicht auf tatsächlich Erlebtes, sondern auf hypothetische Situationen ab. Dabei können situative Fragen sehr hilfreich sein, in denen vergleichbare Vergangenheitsdaten fehlen, oder wenn ein Bewerber behauptet, er habe eine solche Situation (zum Beispiel Konflikt) noch nie erlebt.

Das Feedback nach dem Interview

Die meisten Bewerber lassen es sich nicht nehmen, ein bis zwei Wochen nach einem erfolgten Bewerbungsgespräch nachzufragen, wie es um den Stand Ihrer Bewerbungschancen steht. Viele Unternehmen werten dies auch als positives Signal der vorhandenen Motivation eines Bewerbers.[13] Manche Bewerber stellen diese Frage bereits noch am Ende des Interviews. Hier werden die meisten Interviewer auf das Nachgespräch der Interviewer verweisen, auf die Gespräche mit weiteren Bewerbern, die noch zu führen sind usw. Es kann aber durchaus sinnvoll sein, bereits gefasste Eindrücke, die sich auf das Verhalten des Bewerbers und die Wahrnehmung des Interviewers stützen, rückzumelden. Durch den Perspektivenwechsel, den der Bewerber hiermit in die Rolle des Interviewers erzielen kann, gewinnt auch der Interviewer unter Umständen wertvolle Rückmeldung. Beispielsweise können sich mögliche Irritationen, die auf Seiten des Interviewers entstanden sind, so unter Umständen schnell durch eine Erklärung des Bewerbers auflösen. So lange sich Interviewer nicht in ihrer Entscheidung drängen lassen, spricht somit nichts gegen eine spontane Rückmeldung. Diese sollten allerdings nicht über eine Klärung bestimmter Verhaltensweisen oder erfolgter Wahrnehmungen hinausgehen.

---

12 Vgl. Jetter, 2003, S. 166

13 Im öffentlichen Dienst, bei staatlichen Stellen etc. ist hier Vorsicht geboten. Dort kann das „Nachhaken"
    als aufdringlich gewertet werden, da staatliche Entscheidungsprozesse und deren Instanzen oft mehr
    Durchläufe bis zur Entscheidung benötigen. Es ist also sinnvoll für den Bewerber, bereits im Vorstellungs-
    gespräch sensibel zu eruieren, ob es möglich oder gewünscht ist, nach gegebener Zeit nachzufragen.

Zu Bewertungsaussagen sollten sich die Interviewer nicht hinreißen lassen. Letztlich kommt die Absprache nach einem Interview und damit die qualifizierte Konsensentscheidung aller Interviewer auch dem Bewerber zu Gute. Idealerweise sollte das Unternehmen einen Bewerber nach getroffener Entscheidung informieren und aktiv die fachlichen Bewertungsgründe mitteilen. Schließlich bleiben auch abgelehnte Bewerber potentielle Bewerber für die Zukunft und nicht zuletzt auch potentielle Kunden des Unternehmens. Auch verbreiten sich negative Eindrücke eines Bewerbers im Netzwerk des Bekannten- und Freundeskreises sehr schnell und ein positiver Eindruck hat hier eine multiplikatorische Wirkung hinsichtlich des Unternehmensimages. Es hat sich gezeigt, dass die Entscheidung von Bewerbern, ein Einstellangebot anzunehmen, wesentlich von den Interviewern, als Repräsentanten des Unternehmens, abhängt.[14]

Weitere Interviewrunden

Heute muss ein Bewerber darauf gefasst sein, nach erfolgreichem Erstinterview noch ein bis zwei weitere Interviewrunden zu durchlaufen. Zum einen wird dadurch der Bewerberkreis weiter eingeengt und der potentiell kleinere Bewerberkreis nun auch hochrangigeren Entscheidern vorgestellt. Auch Verhandlungen zu näheren möglichen Vertragskonditionen wie Gehalt, Dienstwagen etc. werden meist erst im zweiten Durchgang zur Sprache kommen. Je weiter ein Bewerber bei diesen Interviewrunden rückt, umso sicherer kann er sein, dass nun zunehmend „weiche" Faktoren, wie Fähigkeiten und Schlüsselqualifikationen, entscheidend werden, da in diesen Runden der bereits eingegrenzte Bewerberkreis hinsichtlich Kenntnissen und Erfahrungen gleichwertig ist.

Das Stressinterview

Durch die Generierung von Stresssituationen in einer Auswahlsituation versucht ein Unternehmen Hinweise darüber zu erlangen, wie ein Bewerber unter Druck, Anspannung oder auch auf provokative Situationen reagiert. Insbesondere für besondere Arbeitssituationen, welche eine Stressresistenz von Mitarbeitern erfordern, kann dies sinnvoll sein. Das Setting für derartige Fragen im Interview oder Übungen in einem Assessment Center sollte aber wohldurchdacht sein.

Sollte der Zusammenhang für einen Bewerber innerhalb einer Übung oder auch während des Interviews nicht erkennbar sein, so empfiehlt sich dringend für die Interviewer oder Beobachter, diese Art des Fragens oder Vorgehens im Feedback zu erklären, so dass dem Bewerber der Zweck klar wird. Ansonsten droht seitens des Bewerbers Unverständnis und unter Umständen Ablehnung aufgrund des erfolgten Bruches in der Kommunikation und des erfolgten Vertrauensverlustes. Grundsätzlich ist es auch zweifelhaft, ob diese Art des Vorgehens, beispielsweise im Interview, die Nachteile überwiegt.

---

14 Schmitt/Coyle, 1976

Die Erfahrung lehrt, dass es meistens mehr nützt, eine offene und wertschätzende Art gegenüber dem Bewerber aufrechtzuerhalten und die relevanten Qualifikationen zu Durchsetzungsfähigkeit, Stressresistenz etc. in Form von offenen Fragen nach dem Verhaltensdreieck zu evaluieren. Sollte ein Bewerber dennoch ein derartiges Verhalten erfahren (zum Beispiel unterbrochen werden durch die Interviewer, provokative Fragen oder Äußerungen der Interviewer etc.) wird er es sich wohl gut überlegen, ob er im Falle eines Angebotes dieser Unternehmenskultur beitreten will.

Bewerber sollten sich allerdings darauf gefasst machen, dass gemäßigtere Formen des Stressinterviews durchaus in einigen Unternehmen üblich sind. Dazu können zum Beispiel absichtliche Pausen der Interviewer nach einer Bewerberantwort zählen. Manche Bewerber fühlen sich daraufhin verunsichert, zweifeln unter Umständen an ihrer Antwort und versuchen diese zu ergänzen oder zu korrigieren. Auch ein abrupter Wechsel in eine Fremdsprache, die aufgrund der Stellenausschreibung gefordert ist, sollte einen Bewerber nicht überraschen und zählt zu den üblichen Hügeln, die im Laufe eines Bewerbungsgespräches zu erklimmen sind.

Verständnisfragen

- Warum sollte ein Unternehmen ein Telefoninterview vorher ankündigen?

- In welche Phasen ist ein Bewerbungsgespräch üblicherweise aufgebaut?

- Welche Kompetenzen (Erkenntnisse, Erfahrungen oder Fähigkeiten) lassen sich bereits aus dem Lebenslauf erschließen?

- Welchen Vorteil bieten offen gestellte Fragen?

- Warum erhöht sich die Validität durch Verhaltensbeschreibungsfragen?

- Welche Gründe sprechen gegen ein Stressinterview?

2.3   Assessment Center

Das Assessment Center hat seinen Ursprung in der Offizierauswahl der Weimarer Republik. Nach den deutschen Streitkräften haben sowohl die britische Armee als auch der amerikanische Nachrichtendienst das Konzept weitergeführt. Nachdem die amerikanische Wirtschaft das Verfahren auch mit Erfolg eingeführt hatte, begann dieses Verfahren Ende der 1970er Jahre auch in Deutschland wieder vermehrt Einsatz zu finden, nun im zivilen Bereich.[15] Das

---

15 Einer der Vorreiter des Assessment Center-Gedankens und deren qualitativer Umsetzung war und ist der Arbeitskreis Assessment Center e.V., welcher bereits 1979 den ersten deutschen Assessment Center-Kongress in Köln veranstaltete.

Assessment Center (to assess = bewerten) ist ein hocheffizientes Verfahren zur Potentialeinschätzung bei Auswahl und Beurteilung von möglichen Mitarbeitern und Führungskräften. Hier werden die Leistung und das Verhalten, einzelner oder mehrerer Teilnehmer gleichzeitig, von mehreren Beobachtern, zu definierten, unternehmensspezifischen Anforderungen beobachtet und beurteilt.

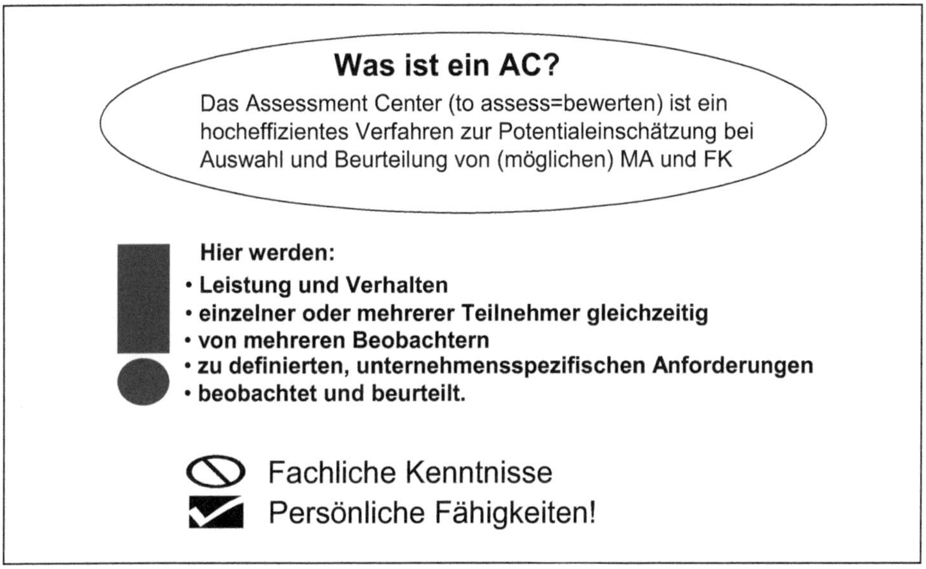

Abbildung 2-2: *Was ist ein Assessment Center?*

Das Assessment Center gilt als multiple Verfahrenstechnik aus der eignungsdiagnostischen Gruppe der Arbeitsprobe. Dabei werden Einschätzungen von Beobachtern, die im Verhältnis 1:2 zur Zahl der Beurteilten stehen und am Besten zwei Hierarchieebenen über den Beurteilten sein sollten, durchgeführt. Assessment Center dauern in der Regel zwei bis drei Tage, und es nehmen durchschnittlich 12 Kandidaten und 6 Beobachter teil. Durch diesen hohen Aufwand bedingt, sollte man Assessment Center dort einsetzen, wo sie am meisten Nutzen entfalten können. Im Assessment Center sind auch bei entsprechender Schulung nicht mehr als drei Merkmale von den Beobachtern simultan gut zu beobachten.[16] Deshalb gilt für die Praxis die Empfehlung, lieber weniger Inhalte zu erheben, dafür aber mit mehreren Übungen oder sogar mehreren Verfahren dieselben Kriterien mehrfach zu beurteilen.

Im Vordergrund steht beim Assessment Center dabei nicht die Bewertung von fachlichen Kenntnissen, sondern die Beurteilung von Fähigkeiten. Die hohe Validität eines Assessment Center ist nur zu gewährleisten, wenn anerkannte Qualitätskriterien in der Konzeption und der Durchführung von Assessment Center eingehalten werden. Generell ist bei einem Assessment Center zu beachten, dass es sich um kein Masseninstrument handelt, sondern viel-

---

[16] Vgl. Eilles-Matthiessen, 2002, S. 48

mehr dann angezeigt ist, wenn man aufgrund der Verantwortung der zu besetzenden Position einen erhöhten Zeit und Ressourcenaufwand betreiben will, um aus einem ansonsten hinsichtlich Kenntnissen und Berufserfahrungen vergleichbaren Bewerberpool diejenigen auszuwählen, welche am meisten hinsichtlich der geforderten Soft Skills (Fähigkeiten) für die Position passen. Um die Passung eines Assessment Center als des geeigneten Recruitingkanals festzustellen, lohnt es sich für den Recruiter, mit der Führungskraft, die die Position(en) zu besetzen hat, ein ausführliches Briefing vorab durchzuführen, um nicht unter Umständen mitten in der Vorbereitung des Assessment Center wieder in der Auftragsklärung zu landen, weil man erkennen muss, dass der Bedarf ein anderer ist. Als aktueller Trend im Assessment Center gilt die Dynamisierung und Flexibilisierung des Verfahrens, was aber noch nicht zu einer messbaren Verbesserung des Wertes des Verfahrens geführt hat.

2.3.1   Validität von Auswahlverfahren

Die eignungsdiagnostische Validität von Auswahlinstrumenten wird oft in Prozent der Prognosegüte angegeben. Damit ist die Höhe der Wahrscheinlichkeit gemeint, mit der aus dem im Auswahlverfahren festgestellten Ergebnis auch auf die spätere Leistung am Arbeitsplatz gefolgert werden kann. So weisen nach Angaben des Arbeitskreises AC[17] bekannte Auswahlverfahren etwa folgende Prognosegüte auf:

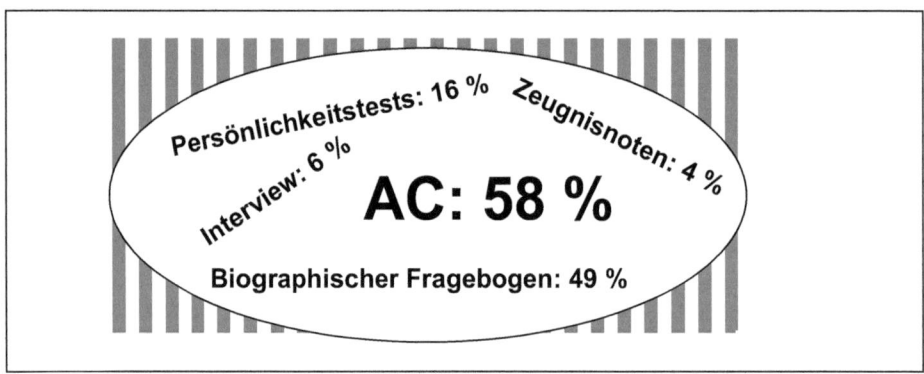

Abbildung 2-3: *Prognosegüte bekannter Auswahlverfahren*

Diese Angaben finden sich in der wissenschaftlichen Literatur zur Eignungsdiagnostik durchaus verschieden. Das hängt aber auch damit zusammen, dass nicht immer Gleiches verglichen wird. Letztlich machen Vergleiche nur Sinn, wenn das Setting hinsichtlich der verwendeten Qualitätskriterien möglichst identisch ist.

---

17   Arbeitskreis AC e.V. Hamburg, Windmühle, 2005

So ist es durchaus plausibel, dass erfahrene Interviewer mit einem strukturierten Interview, das offene Fragen nach dem Verhaltensdreieck benutzt, eine höhere Validität mit dem Interview erzielen werden, als ungeschulte Beobachter in einem schlecht konzipierten Assessment Center.

Geht man aber von einem qualitativ durchdachten Setting aus, eignet sich das Assessment Center am ehesten für eine realistische Prognose, wenn es auch das zeitaufwendigste Instrument ist. Woher resultiert nun aber die behauptete hohe Validität eines Assessment Centers?

Die dahinter stehende Philosophie vermutet einen Anstieg der Validität, je näher man sich in der Wirklichkeit des Auswahlverfahrens an die Wirklichkeit der späteren Arbeitstätigkeit annähert.[18] Demnach ist die Simulation im AC, in der spätere Arbeitssituationen in Übungen oder Fallarbeiten nachempfunden werden, das Verfahren, das der Wirklichkeit hinsichtlich des zu beobachtenden Verhaltens, wenn auch unter „Laborbedingungen", am nächsten kommt.

Ein einfaches Beispiel hierfür ist der Flugsimulator für Piloten. Bei Überprüfung der Eignung fragt man die Piloten nicht „Was machen Sie, wenn das linke Triebwerk ausfällt?", sondern man simuliert den Fall und beobachtet die zu evaluierenden Fähigkeiten (bleibt ruhig, reagiert schnell, behält Überblick etc.).

Das hierbei zu beobachtende Verhalten geht über die kognitive Ebene des Wissens hinaus und zeigt die gesamte psycho-physische Verfassung des Geprüften auf. Es ist einleuchtend, dass dahinter auch die Vermutung steht, dass sich konkretes Verhalten schlechter vortäuschen lässt als die sprachliche Vermittlung.

Auch kann man sich als Bewerber besser auf die hypothetische Ebene von sprachlichen Fragen vorbereiten als auf einen Verhaltenstest. Die Ebene des konkreten Verhaltens ist im Beurteilungsprozess des Assessment Center deshalb auch die unmittelbare Ausgangsbasis für die Beobachter.

2.3.2   Konstruktion geeigneter Übungen

Bei der Konstruktion geeigneter Übungen aus dem Anforderungsprofil ist immer zu beachten, dass die zu prüfenden Fähigkeiten die Übungen bestimmen sollen und nicht umgekehrt. Sollte zum Beispiel Kommunikationsfähigkeit geprüft werden, so muss man untersuchen, in welchen praktischen Fällen der Arbeitswelt diese später gezeigt werden muss. Geht es vor allem um die Durchführung von Vorträgen und Präsentationen, wird man auch eine Präsentationsübung konstruieren.

---

18   Siehe zu den erkenntnistheoretischen Gründen für Validität auch: Achouri, 2003. Eine weitere Einführung in die Eignungsdiagnostik generell findet sich in Kapitel 5.

Geht es eher um die Kommunikationsfähigkeit innerhalb einer Gruppe oder eines Teams, so ist eine Gruppenübung zu erstellen, welche der späteren Arbeitswirklichkeit möglichst nahe kommt. Beide Übungen sind Standard für große Unternehmen, da die Inhalte zum Arbeitsalltag aller Mitarbeiter gehören.

Sollte der spätere Mitarbeiter Präsentationen vor allem vor Führungskräften, möglicherweise sogar vor einem Internationalen Board, zu halten haben, wird man die Präsentationsübung mit Rollenspielen verbinden, wo die Beobachter Nachfragen stellen und auf Grund der Internationalität zum Beispiel in englischer Sprache durchführen.

Für die Simulation von Mitarbeitergesprächen bieten sich Rollenspiele zu zweit an, wobei es Sinn macht, dafür einen eigenen Pool an externen Schauspielern zu akquirieren. Aufgrund von Vertraulichkeit und Qualität sollten dafür nur Mitarbeiter des eigenen Unternehmens in Frage kommen, wenn die Bewerber ausschließlich extern sind und die Rollenspieler ausreichend geschult werden.[19]

Die Übungen sollten dabei von Zeit zu Zeit überarbeitet werden, zum Beispiel wenn sich das Qualifikationsprofil ändert oder weil sich herausstellt, dass in den Gruppenübungen nicht genug Dynamik entsteht, um differenziert beobachten zu können.

Die Art des Settings ist dabei abhängig vom gewünschten Resultat. Übungen, die dahin ausgerichtet sind, analytische Fähigkeiten, Geschäftsverständnis etc. zu bewerten, werden stärker direktiv angelegt sein.

Eine Verschärfung des Anspruchs wird sich meist über eine Erhöhung der Anforderungen sowie eine Reduktion der zur Verfügung gestellten Zeit erreichen lassen.

Anders verhält es sich bei reinen Soft Skills wie Kommunikationsfähigkeit, Teamfähigkeit, Einfühlungsvermögen, Durchsetzungsfähigkeit, Initiative etc. Bewegt sich ein Assessment Center im Bereich dieser Fähigkeiten, so zeigt die Erfahrung, dass der Druck und der Anspruch für Kandidaten reziprok zur Spezifizierung der Aufgaben ansteigen. So kann es zielführend sein, eine Kandidatengruppe mit möglichst wenig Auftrag zu versorgen, um die Gruppendynamik zu steigern.

2.3.3   Zeitplan und Aufbau eines Assessment Centers

Ein Assessment Center hat je nach Anzahl der Kandidaten und Durchführungstage einen erheblichen Vorlauf und Voraufwand. Dieser beginnt bereits Wochen vorher, wenn unter zu Grundlegung des Anforderungsprofils zunächst passende Fähigkeiten und dann davon passende Übungen, die diese Fähigkeiten sichtbar machen, abgeleitet werden.

---

[19]   Hierbei ist insbesondere auf eine ausreichende Kalibrierung der Rollenspieler untereinander zu achten, da die Ergebnisse sonst verzerrt werden können.

Auch die verantwortlichen Beteiligten werden festgelegt und ein weiterer „Projektplan" erstellt, denn ein gelungenes Assessment Center hängt wesentlich von der geleisteten Vorarbeit ab.

Diese Checkliste[20] zu führen und auch die gesamte Projektsteuerung sollte ein Mitarbeiter des Personalwesens übernehmen, für die Einhaltung der administrativen Erfordernisse sowie der Festelegung der Verantwortlichen sollte der bzw. die Entscheidungsträger zur Besetzung der Vakanzen zuständig sein.

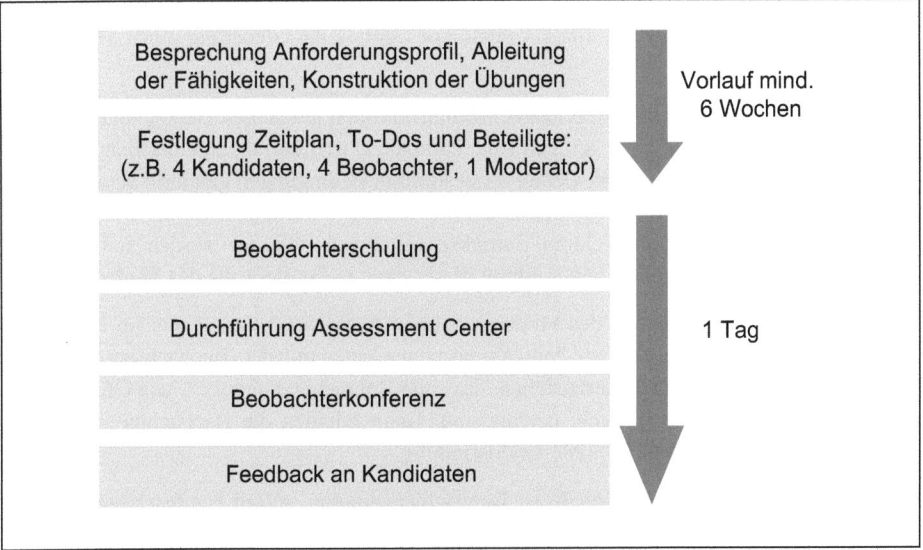

Abbildung 2-4: Vorlauf und Ablauf eines AC

Als nächster Meilenstein vor dem Assessment Center-Tag steht eine ausführliche Beobachterschulung. Ein Assessment Center ohne geschulte Beobachter, welche die Bewertung der Kandidaten durchführen, ist nicht viel wert. Nach dem eigentlichen Assessment Center ist eine Beobachterkonferenz durchzuführen.

Hier macht es Sinn, dass die Konsensentscheidung aller Beobachter unter Anleitung eines erfahrenen Moderators aus dem Personalwesen durchgeführt wird. Das Assessment Center endet schließlich mit einem ausführlichen Feedback an die Teilnehmer. Auch wenn noch keine endgütige Zu- oder Absage an die Bewerber erfolgen kann, sollte in jedem Fall am gleichen Tag Feedback hinsichtlich der beobachteten Stärken und Schwächen von den Beobachtern gegeben werden, die an dem Tag anwesend waren.

---

20 Ein Beispiel, wie eine solche Checkliste aussehen kann, findet sich im Anhang 3

Im Einzelfall kann es sinnvoll sein, eine kleine Supervisionsrunde für die Beobachter nach dem Feedback durchzuführen. Gerade Beobachter, die sehr viele negative Rückmeldungen erteilen mussten, können so „aufgefangen" werden.

2.3.4   Die Rolle des Moderators im Assessment Center

Assessment Center werden entweder von externen Dienstleistern für ein Unternehmen konzipiert und durchgeführt oder, falls intern, meist von der Personalabteilung. Dementsprechend obliegt auch die Durchführung eines Assessment Centers der Steuerung eines Mitarbeiters des Personalwesens.

Abhängig von der jeweiligen Unternehmenskultur und den jeweiligen Bedingungen, wie sie etwa in Betriebsvereinbarungen geregelt sind, kann die Durchführung eignungsdiagnostischer Instrumente wie dem Assessment Center an bestimmte Bedingungen geknüpft sein. So ist es nicht unüblich, dass in großen Unternehmen die Konzeptionierung sowie die Durchführung eines Assessment Center von einem Betriebspsychologen geleistet werden soll.[21] In der Durchführung des Assessment Center nimmt dieser dann meist die Rolle des Moderators ein.

Was kennzeichnet die Aufgabe des Moderators beim Assessment Center nun im Einzelnen? Zunächst führt der Moderator vor dem Assessment Center mit den Beobachtern eine Beobachterschulung durch, um sicherzustellen, dass alle Rahmenbedingungen, wie Organisation, Beobachterunterlagen, Zeitabläufe, geklärt sind. Dann erhalten die Beobachter eine Wahrnehmungsschulung und trainieren die Urteilsfindung.

Auch ein Feedbacktraining ist Inhalt der Beobachterschulung, sofern Feedbacks im Rahmen des Assessment Center stattfinden. Während der Durchführung des Assessmen Center achtet der Moderator auf die organisatorische und inhaltliche Einhaltung der AC-Regeln. Bei quantitativen Bewertungen sammelt er[22] die Ergebnisse nach den Übungen und bildet diese auf einem Gesamtergebnis ab, das in der Beobachterkonferenz vorgestellt wird.

In der Beobachterkonferenz soll der Moderator das Assessment Center lediglich moderieren und die Beobachter nicht in ihrer Entscheidungsfindung manipulieren. Deshalb muss der Moderator sehr genau auf seine eigenen Formulierungen achten. Beobachterrolle und Moderatorenrolle in einer Person schließen sich demnach notwendigerweise aus. Ziel des Moderators ist es, dass die Beobachter im Konsens und in der veranschlagten Zeit zu einer Entscheidung in der Konferenz kommen.

Zunächst stellt der Moderator in der Beobachterkonferenz den jeweiligen Kandidaten anhand eines Kurzporträts vor, insbesondere dann, wenn nicht alle Beobachter diesen kennen bzw. in einer Übung beobachten konnten. Anschließend wird die Gesamtbewertung aufgelegt. Der Moderator fasst die bewerteten Stärken und Schwächen zusammen, beispielsweise:

---

[21]   Das bedeutet, die Durchführung bzw. Überwachung sollte nur von Diplom-Psychologen bzw. promovierten Psychologen erfolgen, über die Einhaltung wacht der Betriebsrat.

[22]   In der Praxis mit Unterstützung von Hilfskräften.

„Der Kandidat wurde von Ihnen eindeutig positiv in der Präsentation hinsichtlich seiner Kommunikationsfähigkeit beurteilt. Im Rollenspiel zeigt sich jedoch kein eindeutiges Bild was die Kundenorientierung angeht, während die Analysefähigkeit positiv bewertet wurde. Im Interview wurde die Initiative negativ bewertet."

Dort, wo widersprüchliche Bewertungen vorliegen, fragt der Moderator bei den jeweiligen Beobachtern nach, auf welche Wahrnehmungen sich das Urteil gründet:

„Während Frau X und Herr Y mit plus gewertet haben, hat Frau Z mit Minus gewertet. Frau Z, bitte schildern Sie uns Ihre Wahrnehmungen, die Sie zu dieser Bewertung geführt haben."

Nachdem sich die Beobachter über Wahrnehmungen und Beurteilungen ausgetauscht haben, steuert der Moderator auf ein Konsensurteil hin:

„Können Sie sich auf dieses Ergebnis einigen?" „Können alle Beobachter die Entscheidung mittragen?"

Wenn sich kein Konsensurteil aller Beobachter finden lässt, spielt der Moderator den Ball an diese zurück:

„Wie wollen sie mit dem Kandidaten verfahren?" „Für welches Ergebnis wollen sie sich entscheiden?"

Schließlich gehört es auch noch zu den Aufgaben eines Moderators, nach den erfolgten Feedbackgesprächen am Ende eines Assessment Center für eine Supervision der Beobachter zur Verfügung zu stehen. Die Wertschätzung, die die Kandidaten in der Durchführung direkter Feedbackgespräche erfahren haben, sollte bei den Beobachtern nicht halt machen, insbesondere wenn man diese für erneute Durchführungen von Assessment Center in Anspruch nehmen will. Der Moderator wird die Endrunde einleiten mit der Frage:

„Wie ist es Ihnen in Ihren Feedbacks ergangen?"

Dabei sollte in einem „Blitzlicht" die Rückmeldung von allen Beobachtern eingefangen werden. Ziel ist es, die Beobachter, insbesondere wenn diese noch keine oder wenig Erfahrung mit Assessment Center oder Feedbackregeln generell haben, gerade nach schwierigen Rückmeldungen wieder einzufangen, so dass diese durch Supervision der anderen Beobachterkollegen nicht mit einem schlechten Gefühl nach Hause gehen.

Am Ende der Runde bietet es sich an, die Beobachter auch noch generell nach Feedback hinsichtlich des Assessment Center-Tages zu fragen. Dadurch erfährt der Moderator, was unter Umständen noch verbessert werden kann, auch können offene Fragen geklärt werden. Letztendlich zählt das Feedback am Ende eines Verfahrens auch zu einem notwendigen Qualitätskriterium im Verfahren.[23]

---

23 Siehe auch Kapitel 2.3.7

Das Ende der Feedbackrunde könnte mit einer kleinen Aufmerksamkeit[24] für die Beobachter, als Dankeschön für die aufgewendete Mühe, einen gelungenen Abschluss finden. In Summe hat der Moderator darauf zu achten, dass die Entscheidungsträger 1) im Konsens, 2) in der vereinbarten Zeit und 3) zu einer Entscheidung kommen und daran wird er von den Beobachtern auch gemessen werden.

Ziel des Moderators ist es, dass die Beobachter

\- im Konsens und
\- in der veranschlagten Zeit

zu einer Entscheidung kommen.

Abbildung 2-5: *Woran wird der Moderator gemessen?*

2.3.5   Die Beobachterschulung

Vorstellung der Agenda

Vor jedem Assessment Center sollte eine Beobachterschulung durchgeführt werden. Das heißt, nicht nur vor jedem erstmalig durchgeführten Assessment Center sondern auch wenn Assessment Center-Module iterativ zum Beispiel als Standard-Auswahlelemente innerhalb der Personalauswahl oder Personalentwicklung eingesetzt werden. Auch routinierte Beobachter ebenso wie Profis aus dem Personalbereich sollten sich nicht scheuen, die Schulung, auch wenn sie diese bereits kennen, im Abstand von 6-12 Monaten zu wiederholen.

Zum einen erinnert es an alle Dinge, die man aufgrund der Tatsache, dass man diese in der täglichen Arbeit nicht benötigt, vergessen hat. Zum anderen gibt es auch einen sozialpsychologischen Sinn für die Beobachterschulung. Eine gut moderierte Beobachterschulung, für die man sich ausreichend Zeit nimmt[25], erspart dem Moderator unter Umständen viel Moderationsarbeit in der Beobachterkonferenz.

---

24 Hierzu lassen sich z. B. sehr gut vorhandene Marketingartikel eines Unternehmens verwenden

25 Normalerweise wird dazu eine bis zwei Stunden notwendig sein, je nach AC-Setting. Die Beobachterschulung ist derjenige Ressourcenaufwand, den viele Businesskollegen erfahrungsgemäß am ehesten kürzen oder ganz streichen wollen. Es bedarf meist einiger rhetorischer Kunst des Moderators, den Sinn dieses Bausteins zu erläutern und auch Standfestigkeit, von der Durchführungszeit nicht abzuweichen. Wie streng dies durchgehalten wird, hängt nicht zuletzt von der Durchsetzungsfähigkeit des Moderators als auch von der Firmenkultur und der Akzeptanz des Verfahrens ab.

Wenn sich Beobachter sowohl über den Bewertungsmaßstab als auch über die Vorgehenswei-se im Klaren sind, so lässt sich eine sehr qualifizierte Konferenz durchführen. Auch erleich-tert ein Konsensgefühl, das bereits vor dem Assessment Center gefunden wird, die Möglich-keit, in der Konferenz zügig zu einem Beurteilungskonsens zu gelangen.

In der Beobachterkonferenz sollte der Moderator nach einer Vorstellungsrunde der Beobach-ter den Ablauf des Assessment Center erläutern, insbesondere den zeitlichen Ablauf, da ein Assessment Center zeitlich sehr straff durchgeführt werden muss. Da oft in parallelen Grup-pen gearbeitet wird,[26] führt eine Verzögerung einer Gruppe zu einer Verschiebung des ganzen Assessment Centers nach hinten. Das bringt nicht nur die Beobachterpläne und vorgesehenen Rücksprachezeiten durcheinander sondern auch die etwaigen Abreisezeiten der Teilnehmer, die nicht selten einen weiten An- und Abreiseweg haben.

Ist der Grund für die straffe Einhaltung des Zeitplans den Beobachtern klar, werden sie es auch verstehen, wenn der Moderator als Verantwortlicher hier konsequent auf die Einhaltung der Zeitfenster achtet.

Beobachtungsmaterialien

Ein wesentlicher Teil der Beobachterschulung sollte der Durchsprache der Beobachtermatrix, also des Skripts, das Beobachter zur Notiz ihrer Wahrnehmungen und Bewertungen verwen-den, gelten. In neuester Zeit gibt es den Trend, Assessment Center-Materialien online zu benutzen. Alle Einträge des Beobachters (oder zumindest die Gesamtbewertung einzelner Übungen) werden damit elektronisch sofort übertragen, was dem Moderator bzw. den anwe-senden Hilfskräften sehr viel Zeit spart.

Aus Kostengründen sind elektronische Beobachterunterlagen aber noch nicht sehr verbreitet. Die gesamte Beobachterkonferenz und damit auch der Erfolg dieser stützt sich auf die Unter-lagen, welche die Beobachter über den Tag eingegeben haben. Deshalb muss der Moderator dafür sorgen, dass die Beobachter ohne Aufwand mit den Unterlagen arbeiten wollen und können, sonst werden sie diese nicht pflegen. Zum anderen muss der Moderator sichergehen, dass die Beobachter das aufschreiben, was später in der Konferenz notwendigerweise vor-handen sein muss. Die Durchsprache der Unterlagen ist also essentiell und sollte immer am Anfang der Schulung stehen. Sollten Teile aus bestimmten Gründen wegfallen, so ist doch sichergestellt, dass mit den Unterlagen umgegangen werden kann.

Es gibt dabei unterschiedliche Vorgehensweisen in Unternehmen, wann den Beobachtern die Materialien zugänglich gemacht werden sollen. Manche schicken diese im Vorfeld bereits zu, um sicherzugehen, dass die Beobachter beispielsweise die Lebensläufe aller Kandidaten schon gesehen haben.

---

[26]   Siehe als Beispiel Anhang 5

Dagegen spricht nur, dass Entscheider, die als Beobachter in einem Assessment Center teil-
nehmen, meist wenig Zeit finden werden, die Unterlagen neben dem Tagesgeschäft durchzu-
sehen. Man läuft mit diesem Vorgehen dann eher Gefahr, dass die Unterlagen am Assessment
Center-Tag vergessen werden. Es ist deshalb die sicherste Methode, die Unterlagen den Beobachtern selbst während der Schulung zu überreichen.

Die qualitativ beste Methode ist es, die Schulung nicht am gleichen Tag vor dem Assessment
Center stattfinden zu lassen, sondern bereits eine Woche vorher. Aus Ressourcen- und Zeit-
gründen ist das aber in den meisten Unternehmen nicht realistisch. Inhaltlich wichtigstes Ziel
für den Moderator ist es, den Beobachtern für ihre Notizen die Wichtigkeit des Unterschieds
von Wahrnehmungen und Bewertungen zu vermitteln.

Demnach sollte eine Beobachtungsmatrix so aufgebaut sein, dass der meiste Platz für die
Notiz der wahrgenommenen Verhaltensweisen bleibt.[27] Wahrnehmung und Bewertung sollten
deutlich getrennt sein. Das stellt sicher, dass in der Konferenz bei unterschiedlichen Bewertungen auf die jeweiligen Wahrnehmungen der Beobachter zurückgegriffen werden kann.

So sollen die Beobachter schon vor Beginn des Assessment Center dafür sensibilisiert werden, dass die Trennung von Wahrnehmung bzw. Verhaltensweise und daraus abgeleiteter
Bewertung sinnvoll und notwendig ist.[28] Je qualitativer ein Assessment Center aufgebaut ist
bzw. je mehr Zeit man aufgrund von nur wenigen Teilnehmern hat, umso offener lässt sich
die Beobachtungsmatrix gestalten.

So findet man bei großen Auswahltagen oft Beobachtungsmaterialien, die sehr quantitativ
orientiert sind und dementsprechend die Bewertung und ein entsprechendes quantitatives
Ranking der Kandidaten nach Bewertungspunkten in den Vordergrund stellen.

Dagegen kommen bei kleinen Assessment Centern mit wenigen Teilnehmern, und auch bei
Führungskräfte-AC, öfters qualitative Evaluierungsmethoden vor. Diese beginnen bereits bei
der Notiz der Wahrnehmungen, welche dann, ohne Beispiele für zu beobachtende Fähigkeiten
und etwaigen Definitionen, die Wahrnehmungsfelder völlig frei lassen. Ziel ist es dann, möglichst viele Wahrnehmungen und Verhaltensweisen aufzunehmen. Passend zu diesem Verfahren werden unter Umständen nicht einmal Bewertungen nach den Übungen angegeben, die
Beurteilung erfolgt rein in der Beobachterschulung, als qualitative Diskussion der Beobachter
über die beobachteten Verhaltensweisen der Kandidaten.

Die Evaluation erfolgt dann erst im Konsensverfahren. Wie erwähnt, stellt dieses Verfahren
das qualitativ hochwertigste dar, aber auch das zeitaufwendigste. Normalerweise finden sich
auf der Matrix bereits Bewertungen, für die meist im Anschluss an die Übungen einige Minuten Zeit eingeräumt werden muss, um aufgrund der gemachten Wahrnehmungen zu einer
Bewertung zu kommen.

---

[27] Siehe im Anhang 5.2 und 5.3
[28] Siehe für die Didaktik des Moderators hierzu die Beispiele im Kapitel 2.3.4

Bei der Prüfung von Fähigkeiten in den Übungen erhöht sich die Validität, wenn dieselbe Fähigkeit in mehreren Übungen beobachtet wird. Es macht also Sinn, beispielsweise Kommunikationsfähigkeit sowohl in der Präsentationsübung, als auch im strukturierten Interview, als auch in der Gruppenübung zu bewerten. Je mehr sich die Ergebnisse über die verschiedenen Übungen hinweg gleichen, um so valider wird die Fähigkeit bewertet worden sein.

Es macht also mehr Sinn, die wesentlichen Kernfähigkeiten im Assessment Center durchgängig durch alle Übungen abzufragen, als zu versuchen, möglichst viele Fähigkeiten in einem Assessment Center unterzubringen. Mehr als vier bis fünf Fähigkeiten qualifiziert zu prüfen, erweist sich in den meisten Fällen, auch aufgrund der zeitlichen Limits, als wenig praktikabel.

Hinsichtlich der Bewertungsmaßstäbe finden sich in den Beobachtungsmaterialien oft verschiedene Philosophien. Manche Evaluationsbögen verwenden gerade, manche ungerade Maßstäbe. Dahinter liegt die Annahme, dass geradzahlige Maßstäbe (- - / - / + / ++) eher die Beobachter dazu antreiben, sich für eine Tendenz zu entscheiden und nicht nur in der „unverfänglichen" Mitte (- / o / +) bewerten. Gerade wenn jemand dazu neigt, Entscheidungen nicht allzu leicht und schnell zu treffen, kann die Möglichkeit einer Mittenbewertung in der „0" verlockend sein. Dies wird dann aber in einem erhöhten Moderations- und Diskussionsaufwand in der Beobachterkonferenz bezahlt, da letztendlich eine Differenzierung der Fähigkeiten Ziel des Auswahlverfahrens ist. Schließlich wird den Beobachtern die Matrix gezeigt, welche am Ende für jeden Kandidaten alle Ergebnisse zusammenfasst.

Hier macht es Sinn, nochmals nach jedem Beobachter zu differenzieren, als auch nach Übung und Beobachter-Fähigkeit. Manche Beurteiler neigen dazu, besonders hohe Maßstäbe anzulegen und zeigen die Tendenz zur Strenge (der sogenannte Härteeffekt). Dies lässt sich durch eine Kalibrierung umgehen, indem man eine gemeinsame Nulllinie definiert, welche als den Anforderungen der Stelle entsprechend adäquat definiert ist.

Interviewleitfaden

Auch innerhalb eines Assessment Centers empfiehlt es sich, einen strukturierten Interviewleitfaden zu verwenden, um die Vergleichbarkeit der Übungen zu gewährleisten. Die Bewertungsskalierung sollte demnach der Matrix in den verschiedenen Übungen angeglichen sein.

Ebenso muss geklärt sein, wie dieser mit anderen Übungen in der Bewertung gewichtet werden soll, eine Frage die sich natürlich auch innerhalb der verschiedenen Übungen stellt. Im Normalfall wird man keine mathematische Extraformel einführen, um die Übungen am Ende in ein Verhältnis zu setzen, weil die Zeit dazu fehlt und die Gefahr von Fehlern beim Übertrag damit noch wächst.

Beobachtern, die selten Interviews durchführen, sollte man noch einige Tipps mit auf den Weg geben. So sollten die Beobachter möglichst präzise Fragen stellen. Am Besten wird der Interviewleitfaden mit offenen Fragen nach dem Verhaltensdreieck konzipiert[29], so dass die

---

29 Siehe dazu Kapitel 2.2.2

Beobachter diesem nur noch folgen müssen. Eine kurze Einführung in die Methode offener Fragestellung ist dabei sicherlich nützlich, ebenso der Hinweis, dass der Redeanteil der Interviewer nur ca. 30 % des Anteiles des Kandidaten sein sollte.

Auch der Hinweis, nicht nur die positiven Aspekte der zukünftigen Tätigkeit sondern realistische Tätigkeitsbeschreibungen zu geben, ist hilfreich. Ansonsten gelten die gleichen Inhalte, die bereits im strukturierten Interview geschildert wurden.

Unter Umständen liegt ein besonderer Reiz der Verwendung eines strukturierten Interviews innerhalb eines Assessment Center-Settings darin, eine Verzahnung mit den beobachteten Verhaltensweisen herzustellen. Die Übungen im Assessment Center liefern eignungsdiagnostisch gesehen das „Was" und „Wie" des Kandidaten, das Interview kann nun dazu eingesetzt werden, das „Warum" zu erkunden. Das setzt natürlich voraus, dass die Beobachter im Interview den Kandidaten zuvor auch in mindestens einer Übung gesehen haben. Indem die Beobachter nun einen Verweis auf die Übungen generieren, können Sie den Kandidaten befragen, was ihn zu bestimmten Verhaltensweisen in den Übungen geführt hat. Um sich diese Option offen zu halten, empfiehlt es sich also, das Interview zeitlich möglichst nach den Übungen zu positionieren.

Wahrnehmungsschulung

Das Kernstück der Assessment Center-Systematik ist die Orientierung am wahrgenommenen Verhalten. Die dabei zugrunde gelegte Annahme ist, dass gezeigtes Verhalten eine höhere Prognosegüte hat, als sprachliche Beschreibungen. Das Verhalten des Kandidaten soll von den Beobachtern möglichst so notiert werden, wie diese es unmittelbar durch die Sinne wahrgenommen haben, also gehört oder gesehen haben.

Erst von dieser reinen Wahrnehmung aus sollen die Beobachter die Wirkung, die dieses Verhalten auf sie gehabt hat und schließlich die wiederum aus dieser Wirkung abgeleiteten Schlussfolgerungen, aufnehmen. Dieses Verfahren kann in der Beobachterschulung vom Moderator nicht oft genug betont werden.

Zum einen lässt sich ein Dissens zwischen Beobachter über Urteile nicht führen. Zum anderen erweist sich die Rückführung von Urteilen und Wirkungen auf wahrgenommenes Verhalten als der beste „Allgemeinplatz" für alle, denn über Wahrnehmungen lässt sich am wenigsten streiten.

Es kann zwar sein, dass einige Beobachter einige Wahrnehmungen nicht gemacht haben. Aber sobald die Erinnerung oder die Notiz an eine gemeinsame Wahrnehmung gefunden ist, ist ein sehr guter Ausgangspunkt geschaffen, die Wirkungen, welche ein und dasselbe Verhalten hervorgerufen haben, zu diskutieren und die erfolgte subjektive Beurteilung eventuell in Frage zu stellen.

Dies ist der Kernpunkt des Assessment Centers und zugleich der Grund, warum das Assessment Center valider als andere Methoden der Personalauswahl sein kann. Denn mehrere Beobachter bündeln ihre subjektiven Eindrücke, die allerdings auf qualitativ starke Fakten der Verhaltenswahrnehmung fußen, zu einem Konsens und machen diese damit ein Stück weit objektiver.

Das führt hoffentlich in den meisten Fällen dazu, der Leistung eines Kandidaten gerechter zu werden, denn je mehr Objektivität vorherrscht, umso mehr bewegt man sich wahrscheinlich an einem umfassenden Bild vom Kandidaten, das der Wirklichkeit entspricht.[30]

Um diese Grundhaltung bei den Beobachtern zu erzeugen, empfiehlt es sich, mit Bildern zur Wahrnehmungsschulung zu beginnen.[31] Hierzu eignen sich beispielsweise Bilder, die mehrdeutige Darstellungen zeigen.[32] Um die Geduld der Beobachter nicht zu überstrapazieren, empfiehlt es sich, nachdem mehrere Bildinterpretationen erwidert wurden, zügig zu erklären, wofür die Bilder stehen sollen.

Es soll klargestellt werden, dass alle gemachten Äußerungen der Beobachter richtig waren und es somit keine falsche Version der Wahrnehmung gibt, sondern jede einzelne Wahrnehmung zum Gesamtbild der Wirklichkeit beiträgt. Dementsprechend soll jede Äußerung eines Bobachters willkommen sein, auch wenn sie ggf. zu allen anderen Beobachtungen abweicht, weil sie das Bild vom Kandidaten ergänzt und auch eine andere Sicht des Kandidaten zulässt.[33]

So zeigt Anhang 5.4 sowohl eine alte als auch eine junge Frau, 5.5 sowohl Vasen oder Gesichter. Wenn man jetzt vor Bild 5.5 das Bild 5.6 mit den Gesichtern zeigt, so erhöht sich die Wahrscheinlichkeit, dass Beobachter tendenziell in Bild 5.5 zuerst Gesichter wahrnehmen werden.

Dies verdeutlicht sehr schön den so genannten Kontrasteffekt, wonach Urteile durch unmittelbar vorhergehende Leistungen beeinflusst werden. Dies sollten Beobachter bei aufeinander folgenden Teilnehmern immer im Auge haben.

Eine andere sogenannte „Wahrnehmungsfalle" ist der sogenannte Halo-Effekt. Demnach überstrahlt ein besonderes Merkmal alle anderen. Wenn ein Bewerber beispielsweise zu spät kommt und ein Beobachter daraufhin auf eine generelle Unpünktlichkeit des Bewerbers schließt, oder aufgrund eines Kleidungsmerkmals auf generelle Ordentlichkeit.

„Primacy- bzw. Recency-Effekt" beschreibt die Tendenz, als Beobachter seinem ersten bzw. letzten Eindruck Geltung zu belassen, ein Eindruck der in Folge, trotz ggf. gegenläufiger Wahrnehmungen nicht mehr korrigiert wird. Erst- und Letztwahrgenommenes wird demnach am besten behalten und hat überproportional großen Einfluss auf die Entscheidung. Dement-

---

30 Die im Assessment Center zu Grunde gelegten Annahmen entsprechen demnach einem erkenntnistheoretischen Realismus, vgl. hierzu auch: Achouri, 2003

31 Siehe dazu Anhang 5.4f.

32 Hilfreiche Vorlagen finden sich dafür zum Beispiel bei Block /Yuker, 1996

33 Zur Verdeutlichung hierfür eignet sich zum Beispiel Anhang 5.7

sprechend lautet die Botschaft des Moderators in der Schulung an die Beobachter, dem ersten Eindruck eine zweite Chance zu geben.

Eine weitere psychologische Wahrnehmungsfalle ist die „Implizite Persönlichkeitstheorie." Sie beschreibt das eigene System von Überzeugungen, das bei Wahrnehmung und Beurteilung anderer mitwirkt, also beispielsweise: „Wer dick ist, ist auch gemütlich."

Schließlich ist es sicher hilfreich, sich das „Ähnlichkeitsphänomen" vor Augen zu halten. Demnach werden Menschen, die einem selbst ähnlicher sind, etwa hinsichtlich Aussehen, Auftreten, Herkunft, gleichem Dialekt oder gleicher Universität, besser beurteilt.[34] Die Beobachter sollten auch dafür offen sein, dass alle Teilnehmer in einer Übung „gut" oder „schlecht" abschneiden können. Eine Normalverteilung wäre reiner Zufall, auch wenn unser Bauchgefühl möglicherweise dahingehend tendiert.

Zusammenfassend wird der Moderator die Beobachter darauf hinweisen, dass es unmöglich ist, die erwähnten Wahrnehmungsfallen in Gänze zu vermeiden. Es ist aber sicher hilfreich, sich die psychologischen Mechanismen, die in die Beurteilung mehr oder weniger bewusst mit einfließen, zu kennen und so unter Umständen zu Gunsten eines reflektierten Gesamtbildes, das sich vor allem auf die gezeigten Verhaltensweisen und damit die Leistung im Assessment Center stützt, in den Hintergrund treten zu lassen.

Generelle Spielregeln

Beobachtern generelle Verhaltensregeln zu empfehlen, ist ein heikler Punkt für den Moderator, insbesondere wenn sehr hochrangige Beobachter anwesend sind. Hier wird erneut die Unternehmenskultur entscheiden, wie weit es sich ein Moderator zutraut, den Beobachtern konkrete Verhaltensregeln zu empfehlen.

Einer der wichtigsten Empfehlungen für die Beobachter ist es, während der Übungen auf Signale zu verzichten, die der Teilnehmer als gute oder schlechte Bewältigung der Aufgabe missverstehen könnte. Dies hätte unmittelbare Auswirkung auf den Teilnehmer und verändert unter Umständen das Verhalten und die Leistung des Einzelnen.[35]

Dagegen sollten die Beobachter jedem Teilnehmer offen begegnen, auch wenn dieser ggf. in einzelnen Übungen nicht zu überzeugen wusste. Auch sollten die Beobachter versuchen, jedem Teilnehmer die volle Aufmerksamkeit über die gesamte Dauer des Auswahltages schenken, um zu verhindern, dass sich Beobachter früh einen geeigneten Kandidaten für die eigene Abteilung aussuchen und in der Folge sich nur noch auf diesen konzentrieren.

---

34 Im Anhang 5.8 gibt es dafür eine passende Illustration.
35 Anders natürlich der Fall, in dem eine Rückmeldung an alle Teilnehmer gegeben wird; damit wird die Beeinflussung aber auch messbar, da sie ein Teil des (dynamischen) Settings wird.

Bereits für die Beobachtungsnotizen ist es sinnvoll, sowohl die Stärken als auch die Schwächen des Teilnehmers zu würdigen. Kein Teilnehmer ist nur gut oder schlecht. Dies hat mehr mit der Grundhaltung der Beobachter zu tun und ist nicht durch die Beobachtungsmatrix erzwingbar.

Normalerweise versucht man in der Beobachterauswahl so vorzugehen, dass sowohl direkte Vorgesetzte von Teilnehmern, als auch Beobachter, welche aufgrund von früherer Zusammenarbeit einzelne Teilnehmer kennen[36], diesen nicht zuzuordnen, bzw. gleich für das AC nicht zu berücksichtigen. Lässt sich dies nicht vermeiden, sollten es sich diese Beobachter doppelt zu Herzen nehmen und verstärkt auf eine möglichst vorurteilsfreie Beobachtung achten.

Verhaltensregeln beim Feedback

Am Besten ist es, wenn man innerhalb der Beobachterschulung Zeit findet, ein eigenes Feedbacktraining zu machen. Da hierfür meist keine Zeit sein wird, sollte man zumindest auf einige wenige wesentlichen Verhaltensempfehlungen für die Beobachter hinwirken. Dazu gehört es von Beobachterseite aus, nach Schilderung von Wahrnehmungen und daraus abgeleiteter Konsensbeurteilung nicht auf eigene Initiative Ratschläge zur Verbesserung zu geben. So können aus Ratschlägen wirklich Schläge werden.

Stattdessen sollte man das Feedback über die beobachteten Kriterien nur ausdehnen, wenn der Kandidat dies wünscht bzw. gezielt nachfragt. Damit betont man den Beratungsaspekt im Ratschlag, welcher keinen Zwang zur Änderung implizit versteckt hält. Das dieser Haltung zu Grunde liegende Menschenbild kommt in dem bekannten Spruch zum Ausdruck:

> *„Ich bin ich und Du bist Du.*
> *Ich bin nicht auf dieser Welt,*
> *um so zu sein, wie Du mich wünschst*
> *und Du bist nicht auf dieser Welt,*
> *um so zu sein, wie ich Dich wünsche."*

Um dies zu gewährleisten, macht es Sinn, möglichst strukturiert in Schritten im Feedback vorzugehen. Zunächst sollte der Kandidat sein subjektives Empfinden des Auswahltages schildern können.

Damit bekommt er die Möglichkeit, seine Stärken und Schwächen selbst anzusprechen. So kann sich der Beobachter auf die Äußerungen beziehen und man vermeidet eine Defensivsituation für den Kandidaten.

---

36 Dies gilt insbesondere für das Development Center, welches im Unterschied zum Assessment Center nur interne Mitarbeiter als Teilnehmer hat. Das Development Center hat, wie der Name schon vermuten lässt, die Personalentwicklung im Fokus. Im Unterschied zum Assessment Center, das eine Auswahl für bestimmte Vakanzen trifft, stellt das Development Center eine Eignung fest, und hat beispielsweise die Überprüfung einer Potentialaussage zum Ergebnis.

Im Folgenden sollte die konkrete Rückmeldung der Beobachter stehen. Zunächst weisen die Beobachter daraufhin, dass die Entscheidung eine Konsensentscheidung aller Beobachter ist. Dann schildern die Beobachter die positiven Aspekte und im Anschluss daran die Entwicklungsmöglichkeiten des Kandidaten.

Wichtig ist es, diese Erläuterungen immer anhand von konkreten Verhaltensbeobachtungen zu geben, so dass der Kandidat die Beurteilungen möglichst genau auf einzelne Situationen zurückführen kann.

Vor allem externe Assessment Center-Teilnehmer erkundigen sich oft bei einer Ablehnung für eine bestimmte Stelle nach weiteren Bewerbungsmöglichkeiten im Unternehmen. Deshalb muss bei der Beobachterkonferenz bereits geklärt werden, ob der Kandidat generell zum Unternehmen passt, so dass die Beobachter dementsprechend Rückmeldung geben können.

Gerade bei externen Bewerbern ist auch zu beachten, dass ein Assessment Center und insbesondere das Feedbackgespräch einen Marketingaspekt für das Unternehmen haben. Der letzte Eindruck des Bewerbers sollte deshalb auch bei einer Absage so positiv wie möglich sein, d.h. er sollte sich respektiert fühlen. Schließlich ist jeder Bewerber auch weiterhin ein potentieller Kunde des Unternehmens. Für Mitarbeiter, die innerhalb eines Unternehmens ein Assessment Center besuchen, sollte gewährleistet sein, dass diese auch bei einem schlechteren Abschneiden motivierte Mitarbeiter bleiben.

Ein professionelles, wertschätzendes Feedback trägt dazu bei. Gerade weil dem Feedback so eine große Bedeutung innerhalb eines Assessment Center als auch als Performance Management-System generell zukommt, soll im Folgenden ein Feedbacktrainingskonzept vorgestellt werden, das, sofern die notwendige Zeit vorhanden ist, eine sehr gute Ergänzung zu den Feedbackpunkten innerhalb der Beobachterschulung ist.

Als visueller „Teaser" vorab schon einmal der „Feedback-Burger", der die Regeln eines professionellen Feedbacks illustriert:

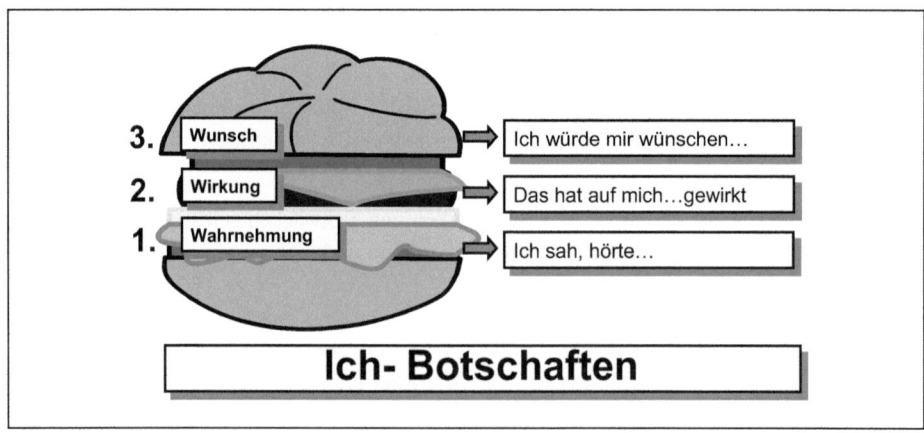

Abbildung 2-6: *Feedback-Burger*

2.3.6 Feedbacktraining

Am Anfang eines Feedbacktrainings sollte die Vereinbarung einer gemeinsamen Haltung der Bobachter stehen. Dabei sollte nicht außer Acht gelassen werden, dass Beurteilungsfeedback für die Beobachter keine leichte Aufgabe ist. Demnach macht es Sinn, die Beobachter zunächst zu stärken bzw. ihnen ein kleines „Rüstzeug" mitzugeben, das sie auch bei eventuellen Anfeindungen von Teilnehmern, die ein schlechtes Ergebnis mitgeteilt bekommen, stützt.

Dazu gehört zunächst, gerade mit der Assessment Center-Thematik wenig vertraute Beobachter darin zu stärken, dass sie fachlich fundierte Beurteilungen rückmelden und ein Assessment Center ein hoch valides Auswahlverfahren ist, wenn es nach Qualitätskriterien ausgerichtet ist. Als ungerecht empfundene Urteile sind dabei nie zu vermeiden, doch mit dem Assessment Center sind alle Möglichkeiten eines möglichst fairen Verfahrens genutzt. Auch das Angebot des Feedbacks zeigt die Wertschätzung der Beobachter bzw. des Unternehmens gegenüber dem Kandidaten.

Sollte ein Bewerber sehr unzufrieden oder uneinsichtig mit dem Ergebnis sein, so ist den Beobachtern zu raten, verständnisvoll und geduldig zuzuhören, aber keinesfalls zu schwanken, was die Güte der Entscheidung betrifft. Dabei sollten die Beobachter unbedingt auf die für das Feedback vorgesehene Zeit achten. Andernfalls besteht die Gefahr, dass manche Feedbackempfänger immer wieder die gleichen Punkte hinterfragen.

Solche Feedbackschleifen bringen aber keinen zusätzlichen Erkenntniswert für den Kandidaten und dehnen das Feedback nur unnötig aus. Während es zum einen notwendig ist, manche Beobachter vor zuviel Verteidigungshaltung im Feedback zu bewahren, gibt es auch solche, denen vor allzu viel Überheblichkeit abgeraten werden muss. Dabei ist zu bedenken, dass sich die Beobachter bereits in der stärkeren Position befinden, auch der Kandidat empfindet das so.

Gerade Beobachter, die der Moderator in Gefahr sieht, überheblich zu reagieren, sollte eingeschärft werden, möglichst auf Nachfragen des Kandidaten einzugehen und den Kandidaten nicht zu unterbrechen. Dazu gehört auch, dem Kandidaten aktiv zuzuhören und sich nicht schon Gegenargumente zu überlegen, noch während der Kandidat spricht.

Zu einer generell wertschätzenden Haltung gehört es ebenfalls, Blickkontakt mit dem Bewerber zu halten und eine dem Bewerber zugewandte Körperhaltung zu zeigen. Allgemeine Feedbackschritte haben wir bereits erörtert, sozusagen als komprimierte Version für eine Feedbackschulung innerhalb der Beobachterschulung. Im Folgenden wird Feedback in ausführlichen Schritten, als Anleitung für Beobachter, dargestellt.

Feedback in Schritten

Zunächst sollte der Kandidat nach seinem subjektiven Erleben gefragt werden. Dann sollten die Beobachter darauf hinweisen, dass die Entscheidung im Konsens aller Beobachter getroffen wurde und nicht nur die Meinung Einzelner ist. Danach sollte das Ergebnis des Assessment Center mitgeteilt werden. Es macht dabei Sinn, auch die Fähigkeiten, die in den Übungen beobachtet wurden, zu erläutern.[37] Im Anschluss sollten die Einzelergebnisse der Fähigkeiten durchgesprochen werden. Als Beginn eignet es sich die Stärken aufzuzählen um dann zu den Entwicklungspotenzialen überzugehen. Schließlich sollte dem Kandidaten im Einzelfall nach Wunsch mitgeteilt werden, wie das Ergebnis zustande kam. Dabei bietet es sich an im Dreischritt von **W – I – E** vorzugehen:

1. Zunächst werden die konkreten **W**ahrnehmungen erläutert
   („Es wurde konkret beobachtet, dass ..."),

danach die davon abgeleiteten **I**nterpretationen
(„Wir haben daraus geschlossen dass Sie ...")

und schließlich die **E**ntscheidung
(„... und uns deshalb dafür entschieden ...").

Generell sollten die Beobachter in „Ich" und „Wir"- Botschaften sprechen, um dem Kandidaten zu vermitteln, dass keine Urteile über seine Persönlichkeit ausgesprochen, sondern lediglich mehrere subjektive Eindrücke geschildert werden (also nicht: „Sie sind ein ... Mensch", sondern: „Sie haben ... Verhalten gezeigt ... das hat auf uns ... gewirkt. Wenn Sie sich ... verhalten würden, würde das bei uns ... ankommen."). Der Unterschied zum normalen Feedback besteht im AC-Feedback vor allem daran, dass nach den ersten beiden Schritten von Wahrnehmung und Wirkung kein Wunsch formuliert wird, wie das Gegenüber sein Verhalten ändern könnte, sondern eine Beurteilung steht.

Feedback – Rollenspiel

So einfach die Theorie hinter den Feedbackregeln ist, so schwer gestaltet es sich doch oft für Feedbacksender, diese Regeln direkt umzusetzen. Am Besten lässt sich Feedback in einer Rollenspielsituation trainieren. Jeder Beobachter sollte dabei die Möglichkeit bekommen, zumindest einmal ein Feedback geben können. Im Anhang 4f. findet sich eine konkrete Rollenspielsituation.

Das Rollenspiel selbst sollte dabei nur wenige Minuten dauern, dies genügt um Feedback geben zu können. Ein Beobachter spielt den Assessment Center-Kandidaten, ein anderer den Beobachter, der Rückmeldung gibt (Feedbacksender). Alle anderen anwesenden Beobachter sowie der Moderator geben im Anschluss an das Rollenspiel dem Feedbacksender Rückmeldung über die Güte des erteilten Feedbacks.

---

[37] Hierbei ist es hilfreich, eine Übersicht zu verwenden, welche sowohl die durchgeführten Übungen des Assessment Center als auch die dabei beobachteten Fähigkeiten visuell aufzeigt. Dafür sollte man Zeit verwenden, denn die Teilnehmer erfahren zu diesem Zeitpunkt zum ersten Mal, was in welcher Übung überhaupt beobachtet wurde. Deshalb macht es auch Sinn, bei den Fähigkeiten konkrete Verhaltensdefinitionen anzuführen, um den Teilnehmern schnell einsehbar zu machen, welche Unternehmensdefinition sich hinter der jeweiligen Fähigkeit verbirgt.

So kann sich nicht nur der Feedbacksender in den Feedbackregeln üben, sondern auch die Rollenspielbeobachter. Es macht Sinn, mit einem leichten (positiven) Feedback zu beginnen um anschließend zu den schwierigeren (negativen) Feedbacks zu kommen.

Die Rollenspiele sind demnach in ihrem Schwierigkeitsgrad graduell aufgebaut. Die Rollenspielanweisungen im Anhang sind ansonsten selbsterklärend. Am Ende der Rollenspielübung sollte der Moderator die Beobachter fragen, wie gut sie sich für die Feedbackgespräche vorbereitet fühlen und welche Fragen ggf. noch offen sind.

2.3.7   Qualitätskriterien im AC

Im Laufe der Ausführungen über Assessment Center wurde immer wieder der Begriff Qualität gestreift, ohne näher zu beschreiben, was darunter zu verstehen ist. Dabei ist zu beachten, dass der Begriff der „Qualität" selbst noch keinen Maßstab abgibt. Qualität bedeutet demnach zunächst nur die Erfüllung von bestimmten Anforderungen, die selbst noch zu definieren sind.

Dementsprechend ist ein Assessment Center-Verfahren hinsichtlich der Prognosegüte nur dann anderen eignungsdiagnostischen Instrumenten überlegen, wenn das Assessment Center qualitativ hochwertig konstruiert ist.

Im Folgenden sollen deshalb noch einmal wesentliche Designkriterien für ein Assessment Center zusammengefasst werden, orientiert sowohl an zahlreichen Erfahrungswerten als auch an Standardkriterien in der Literatur.[38] Wir nennen sie die „Neun Qualitätsstandards für AC", bestehend aus 1) Anforderungsorientierung, 2) Verhaltensorientierung, 3) Prinzip der kontrollierten Subjektivität, 4) Simulationsprinzip, 5) Transparenzprinzip, 6) Individualitätsprinzip, 7) Systemprinzip, 8) Lernorientierung des Verfahrens und 9) Organisierte Prozesssteuerung.

1) Anforderungsorientierung

Am Anfang jeder Eignungsdiagnostik sollte das **Anforderungsprofil** stehen. Wenn man nicht weiß, wofür man etwas entwickelt, kann man es auch nicht entwickeln. Dabei sollte das Anforderungsprofil immer auf die unternehmensspezifischen Anforderungen zugeschnitten sein. Nicht wenige Beratungsunternehmen zwingen den Unternehmen ein externes Qualifikationsprofil auf, das der Nomenklatur des Beratungsunternehmens entspricht. Das spart den Unternehmensberatungen Arbeit, führt aber dazu, dass Kriterien unter Umständen vorbei an vorhandenem Unternehmensleitbild und Unternehmenskultur angelegt werden. Demnach sollte im Prozess immer der Dreischritt von Anforderungsprofil, Ableitung unternehmensspezifischer Fähigkeiten und Konstruktion geeigneter Übungen beachtet werden.

---

[38] Derartige Kriterien finden sich zum Beispiel in den Qualitätsstandards des Arbeitskreises Assessment Center e.V. 1995 oder in der DIN 33430, 2002, welche Anforderungen für berufs-bezogene Eignungsuntersuchungen beschreibt.

Grundsatz: *Eignung ohne Analyse des konkreten Wofür ist sinnleer!*

Das AC muss auf Grundlage unternehmensspezifischer Anforderungen entwickelt sein, eine Übernahme externer Kriterien ist nicht zielführend!

Dreischritt: 1) Anforderungsprofil – **2)** Ableitung unternehmensspezifischer Fähigkeiten – **3)** Konstruktion geeigneter Übungen

 **Verstöße:**

- Verzicht auf Anforderungsanalyse
- Übernahme Merkmale anderer Zielgruppen/Unternehmen/Beratungen
- Festlegung der Anforderungen nach den Fähigkeiten vorhandener Eignungsdiagnostik
- Verzicht auf Situationsanalysen zugunsten von allgemeiner Merkmale der Führungsstilforschung

***Abbildung 2-7:** Anforderungsorientierung*

2) Verhaltensorientierung

Ein wichtiger Qualitätspunkt im AC ist auch die strikte Einhaltung **protokollierter Verhaltensbeschreibungen** in den Beobachtermaterialien, um Wahrnehmung und Interpretation, sowie Beurteilung nachträglich trennen zu können.[39] Auch hier empfiehlt es sich wiederum den Dreischritt von Verhaltensbeschreibung, Interpretation und Beurteilung einzuhalten.

Grundsatz: *Protokollierte <u>Verhaltens</u>beschreibungen sind das einzige Mittel, zwischen tatsächlichem Teilnehmerverhalten und Interpretationen oder Schlußfolgerungen der Beobachter zu unterscheiden!*

Dreischritt: 1) Verhaltensbeschreibung – **2)** Interpretation - **3)** Beurteilung

 **Verstöße:**

- Einsatz diagnostischer Mittel, deren Bezug zu realem Verhalten nicht hinreichend nachgewiesen ist (die meisten Testverfahren)
- Nur Methoden, bei denen der Verhaltensbezug hypothetisch ist (z.B. Interview)

***Abbildung 2-8:** Verhaltensorientierung*

---

39   Siehe dazu Kapitel 2.3.5 Die Vorgehensweise entspricht dabei der gleichen wie in den Feed-backregeln beschrieben.

3) Prinzip der kontrollierten Subjektivität

Weiterhin ist dringend die Durchführung einer ausführlichen **Beobachterschulung** zu empfehlen, bei größeren Abständen zwischen denselben Assessment Centern ist eine iterative Durchführung ebenso sinnvoll und den Beobachtern durchaus zumutbar.

In der Schulung ist zu gewährleisten, dass die Beobachter **einheitlich geschult** sind. Das sollte dazu führen, dass die Beobachter die eingesetzten Materialien kennen, aktiv den Beurteilungsprozess eingeübt haben, für Wahrnehmungsverzerrungen sensibilisiert wurden und möglichst sogar Feedback geben im Rollenspiel trainiert haben.

So weit die Ressourcen es zulassen, sollten so viele Beobachter als möglich in den Übungen eingesetzt werden. Nur ein Beobachter pro Übung führt das Verfahren ad absurdum.

Wie bereits erwähnt, bietet es sich an, den Moderator aus dem Kreis der Personalwesens eines Unternehmens zu besetzen, alle anderen Beobachter sollten möglichst hochrangige Entscheider aus dem Business eines Unternehmens sein.

Grundsatz: *Die objektive Wahrheit ist uns nicht zugänglich!*
Mehrere, <u>einheitlich geschulte!</u> Beobachter, die Entscheidungsträger sind, führen zu objektiveren Urteilen! Die Beobachterschulung muss folgende Ziele haben:
- Kenntnis der eingesetzten Materialien
- Aktive Einübung des Beobachtungs/Beurteilungsprozesses
  anhand von Verhaltensbeschreibungen
- Aufmerksamkeit für spontane Wahrnehmungsverzerrungen
- Einübung von Rückmeldegesprächen (Beobachter profitieren für ihr
  eigenes Führungsverhalten!)

Ⓝ Verstöße:
- Verzicht auf Beobachtertraining
- Überwiegender Einsatz von Nichtentscheidern (Personal/Externe)
- Einsatz nur eines Beobachters/Übung
- Keine integrative Konsensbildung sondern Mehrheitsentscheidung
- Quantitative Urteilsbildung ohne qualitative Diskussion anhand der
  beobachteten Verhaltensbandbreiten

Abbildung 2-9: Kontrollierte Subjektivität

4) Simulationsprinzip

Selbstredend sollte ein AC nur solche Situationen **simulieren**, die der späteren Arbeitswirklichkeit im Unternehmen entsprechen.

Grundsatz: *Es werden nur Situationen simuliert, die der späteren Arbeitswirklichkeit entsprechen!*

🚫 **Verstöße:**

- Kein Einsatz von Simulationen
- Nur Einsatz von Methoden mit hypothetischem Simulations-Charakter (z.B. Interview)
- Einsatz von Simulationen die der Wirklichkeit paradox widersprechen (z.B. Auswahl der Rollenspieler)
- Überbetonung einzelner Übungstypen aus Ökonomiegründen (z.B. Einsatz vieler Gruppendiskussionen vs. wichtigerer Zweiergespräche etc.)

Abbildung 2-10: Simulationsprinzip

5) Transparenzprinzip

Hinsichtlich der Teilnehmer ist vor allem zu beachten, dass das Assessment Center möglichst **transparent** gemacht wird. Das heißt für das Unternehmen, im Vorfeld bereits über den Ablauf zu informieren, bei einem Development Center mit internen Mitarbeitern auch hinsichtlich etwaiger Risiken einer Teilnahme.

Ein Verschweigen der Beobachtungsschwerpunkte trägt zur Validität des Verfahrens nicht bei, verunsichert aber die Teilnehmer und wirkt negativ auf das Unternehmensimage zurück.

Grundsatz: *Wer nicht weiß worum es geht, kann sich auch nicht geeignet verhalten oder geeignetes Verhalten beobachten!*

- Info der Teilnehmer vorab über Ziel, Ablauf, Bedeutung, und Chancen/Risiken einer Teilnahme
- Beobachter sind durch Schulung über Verfahren und Übungsarten informiert
- Rückmeldung im Nachgang über Ergebnis, Anschlussmaßnahmen und Konsequenzen an die Teilnehmer (am Besten durch die Beobachter)

🚫 **Verstöße:**

- Keine Vorinformationen der Teilnehmer
- Keine klaren (oder versteckte) Zielvorgaben vor den Übungen
- Verschweigen der Beobachtungsschwerpunkte der Übungen (z.B. Mahlzeiten, Stadtrundfahrt etc.)
- Informationsweitergabe (ohne Einverständnis/Wissen) an Vorgesetzte

---

Abbildung 2-11: Transparenzprinzip

6) Individualitätsprinzip

Dementsprechend ist ein offenes **Feedback**, das möglichst noch am gleichen Tag des Assessment Centers durch die jeweiligen Beobachter direkt und individuell gegeben wird[40], die beste Weise, Transparenz zu unterstützen.

Grundsatz: *Die Teilnehmer bekommen die Rückmeldung von den beteiligten Beobachtern selbst unmittelbar, detailliert und mit positiver Grundhaltung!*

 **Verstöße:**

- Verzicht auf Rückmeldung
- Lediglich Verkündigung von Gesamtergebnissen (Rangreihe, Punktzahl, etc.)
- Persönlichkeitsorientierte Globalbotschaften
- Rückmeldung ohne Beobachterbeteiligung
- Rückmeldung schriftlich und/oder nach unangemessen langen Zeitspannen

---

Abbildung 2-12: *Individualitätsprinzip*

7) Systemprinzip

Wichtig für Development Center innerhalb eines Unternehmens ist die Verzahnung der Ergebnisse im Rahmen aller vorhandenen **Personalentwicklungsmaßnahmen und Performance Management Systeme**. Andernfalls war der erhebliche Aufwand des Verfahrens umsonst.

Grundsatz: *Das AC muss in das Gesamtsystem der Personal- und Organisationsentwicklung eines Unternehmens eingebettet sein!*

 **Verstöße:**

- Keine Berücksichtigung der Themen Vorauswahl, Aus- und Fortbildung etc.
- Stabilitätsdiagnostik (Eignung als unveränderbare Grundausstattung des Teilnehmers)
- Keine Beteiligung der PE/OE im Unternehmen

Abbildung 2-13: *Systemprinzip*

---

[40] Dies dürfte allerdings nur bei durchschnittlich der Hälfte aller durchgeführten Auswahlverfahren realisiert sein, vgl. Schuler 2000, S. 127

8) Lernorientierung des Verfahrens

Es sollte gewährleistet sein, dass jedes Assessment Center **lernorientiert** aufgebaut ist, also ständig bemüht ist, aus Rückmeldungen von Teilnehmern und Beobachtern zu lernen und nicht zuletzt notwendig gewordene Veränderungen aus einem Wandel der Umgebung (Markt, Wettbewerber, eigenes Unternehmen, Anforderungsprofil etc.) wahrzunehmen. Auch muss ein AC ständig hinsichtlich der Prognosegüte geprüft werden, also beispielsweise durch einen Abgleich erfolgreicher Assessment Center-Teilnehmer mit deren weiterer Entwicklung im Unternehmen.

Grundsatz: *Ohne Güteprüfung und Qualitätskontrolle wird das AC zu einem sinnlosen Ritual!*

Eine fortlaufende Qualitätsprüfung stellt sicher, dass das Verfahren ständig verbessert, Fehler behoben und Wandlungen der Eignungs-landschaft (Markt, Organisation, Anforderungsprofil) berücksichtigt werden.

 **Verstöße:**

- Einmaliger Aufbau des AC ohne Güteprüfung
- Statt empirischer Güteprüfung (z.B. Aufstiegsgeschwindigkeit, Gehaltszuwachs) begnügen mit Bestätigung durch positive Einzelrückmeldungen

---

Abbildung 2-14: *Lernorientierung*

9) Organisierte Prozesssteuerung.

Bei der Auswahl des Moderators für ein Assessment Center sollte darauf geachtet werden, dass dieser sowohl das inhaltliche Verständnis für ein so komplexes Verfahren mitbringt als auch genügend Erfahrung für die Durchführung besitzt.

In der Vorbereitungsphase muss dieser, ähnlich wie im Projektmanagement, darauf achten, dass alle Meilensteine zeitlich und inhaltlich eingehalten werden, sonst ist das Assessment Center ggf. von ihm im Vorfeld abzubrechen. Die Durchführung eines Assessment Centers erlaubt oft keine zeitlichen Puffer, und gerät der Zeitplan durcheinander, hat dies auch Auswirkungen auf alle anderen Übungen.

Die Vorbereitung nimmt daher einen sehr hohen Stellenwert ein und ist meist zu einem großen Teil für den Erfolg eines Assessment Centers verantwortlich. In der Durchführung steuert der Moderator den Prozess, achtet auf die Qualität (zum Beispiel der Feedbacks) und leitet die Beobachterkonferenz. Dabei ist zu beachten, dass ein **Moderator nie selbst Beobachter** sein kann. Auch muss der Moderator alle Signale vermeiden, welche die Beobachter in ihrer Urteilsfindung manipulieren könnten. Der Moderator wirkt auf eine **Konsensentscheidung** hin, eine Mehrheitsentscheidung ist nicht Sinn des Assessment Center-Verfahrens.

Sowohl das Setting des Assessment Centers sollte so angelegt sein, als auch der Moderator sollte in der Beobachterkonferenz darauf hinwirken, die **Entscheidung qualitativ**, also aufgrund von Diskussion über Verhaltensableitungen zu erwirken, nicht als reine quantitative Summierung der Einzelergebnisse.

Ein Assessment Center geht davon aus, dass mehrere subjektive Beobachtungen letztendlich zu einer objektiveren Sicht des Kandidaten führen. Dies kann nur mit einer Diskussion über Verhaltensweisen und davon abgeleiteten Interpretationen und Bewertungen geschehen.

Grundsatz: *Ein qualifizierter Moderator steuert das Verfahren, achtet auf die Qualität des Prozesses und leitet die Beobachterkonferenz ohne die Entscheider zu manipulieren!*

 Verstöße:

- Verzicht auf Moderator
- Doppelbelastung Beobachter = Moderator
- Moderator manipuliert versteckt durch wertende Formulierungen
- Moderator ist nicht ausgebildet und erfahren
- Rolle des Moderators wurde den Teilnehmern und den Beobachtern bereits vor dem Verfahren nicht eindeutig erläutert

---

Abbildung 2-15: *Organisierte Prozesssteuerung*

Verständnisfragen

- Wodurch wird die hohe Validität eines Assessment Centers bewirkt?

- Wie sollte eine Beobachterschulung aufgebaut sein?

- Welche der beiden folgenden Definitionen von Kommunikationsfähigkeit ist als rein wahrnehmbares Verhalten, ohne Interpretation zu bezeichnen?
  a) Bewerberin präsentiert selbstbewusst und mit sicherer Stimme?
  b) Bewerberin kooperiert mit den anderen Gruppenmitgliedern und fördert den Zusammenhalt im Team?

- Warum ist es sinnvoll, das Interview nach den Übungen im Assessment Center zu platzieren?

- Welche Schritte geben die Feedbackregeln vor?

- Warum sollen in der Beobachterkonferenz keine Mehrheitsentscheidungen getroffen werden?

- Auf welche fünf Wahrnehmungsfallen sollten Sie die Beobachter in der Beobachtungsschulung hinweisen und was haben diese zum Inhalt?

3.   Placement und Outplacement

3.1   Placement

Placement meint schlicht „Platzierung" und zwar von Bewerbern auf Stellen. Im Gegensatz zu den Begriffen „Outplacement" oder „Newplacement", die beide eine Platzierung von Mitarbeitern eines Unternehmens auf den externen Stellenmarkt im Auge haben, meint das reine Placement die Platzierung von Mitarbeitern im eigenen Unternehmen.

Placement kann dabei dem Mitarbeiter die Arbeit, sich zu bewerben, nicht abnehmen und ist auch nicht als Bypass für interne Jobbörsen in der Personalentwicklung zu sehen. Placement schafft keine Jobs, sondern setzt den Mitarbeiter in den Stand, eine berufliche Selbstorientierung vorzunehmen (Coachingaspekt), seine Bewerbung von den Bewerbungsunterlagen bis zum Auftreten zu optimieren (Beratungsaspekt) sowie ihn mit den Informationen zu versorgen, so dass er sich selbst auf dem Stellenmarkt dauerhaft orientieren kann.

Wie kommt nun ein Placementgespräch zustande? Die Initiative hierfür muss immer vom Mitarbeiter ausgehen, der beraten werden will. Der Mitarbeiter darf nicht von seiner Führungskraft „überwiesen" werden. Es hängt stark von der Kultur des jeweiligen Unternehmens ab, ob die Führungskraft vom Wunsch des Mitarbeiters, in die Placementberatung zu gehen, weiß. Schließlich signalisiert dies einen Veränderungswillen des Mitarbeiters.

In einer transparenten Kultur wird dies ohne Problem möglich sein. Entscheidend bei der Beratung bleibt aber dennoch der Aspekt der Vertraulichkeit. Hier zeigt sich die Verschmelzung von Recruitment und Placement erneut als günstig, denn obwohl Recruiting ein operativer Bestandteil des Personalwesens ist, hat er keine Ordnungsfunktion inne.

Damit fallen mögliche Berührungsängste von Mitarbeitern, die in der Vergangenheit schlechte Erfahrung mit der Personalabteilung gemacht haben, oder von solchen gehört haben, weg. Dies setzt voraus, dass auch innerhalb des Personalwesens die Placementberatungen hochvertraulich gehalten bleiben, die Vertraulichkeit gegenüber der Führungskraft des beratenen Mitarbeiters versteht sich von selbst.

Im Folgenden sollen die möglichen Schritte eines Placementgespräches, die sich als Best Practice im betrieblichen Alltag über die Jahre erwiesen haben, skizziert werden.

3.1.1   Vor dem Placementgespräch

Im Normalfall wendet sich ein Placementkandidat aufgrund von Informationen im Intranet eines Unternehmens, positiven Erfahrungsberichten anderer Kolleginnen und Kollegen oder anderer Quellen (Mitarbeiter im Personalwesen, Sozialberatung, Betriebsrat) an den Placementberater. Bevor ein Gesprächstermin vereinbart wird, sollte der Placementberater mit dem Kandidaten bereits einige Dinge im Vorfeld klären. Hat der Placementkandidat schon andere Aktivitäten mit Kollegen aus dem Personalwesen gestartet? Ist der Mitarbeiter von einer Restrukturierungsmaßnahme betroffen bzw. hat er unter Umständen bereits ein Aufhebungsangebot erhalten? Ist die Führungskraft des Mitarbeiters in die Aktivität Placementgespräch sowie generellem Veränderungswunsch eingebunden? Welches Ziel möchte der Mitarbeiter mit dem Placementgespräch verfolgen?

Sollte sich für den Placementberater herausstellen, dass eine Beratung sinnvoll ist, so sollten im Vorfeld noch Unterlagen des Kandidaten angefordert werden, um sich ein besseres Bild der Lage zu machen. Dazu gehören sowohl der Lebenslauf des Kandidaten, die laufenden Bewerbungen sowie die letzte Mitarbeiterbeurteilung des Kandidaten.

Die Anfrage der Mitarbeiterbeurteilung (sofern in einem Unternehmen durchgeführt) vorab, stellt dabei einen heiklen Punkt dar. Ebenso wie alle anderen Unterlagen des Kandidaten, ist die Aushändigung natürlich freiwillig. Während ohne Lebenslauf und Status laufender Bewerbungen eine Beratung unsinnig wird, kommt es bisweilen vor, dass Mitarbeiter ihr Mitarbeitergespräch nicht aushändigen wollen.

Eine Beratung kann trotzdem durchgeführt werden, die Alarmglocken des Beraters werden hier aber sicher aufleuchten, sei es, dass der Kandidat nicht völlig aufrichtig kommuniziert oder dass es Inhalte gibt, die der Berater nicht sehen soll. Der Vorteil der Einsicht liegt für den Berater darin, aus den getroffenen Aussagen der Mitarbeiterbeurteilung und den Zielen, die ein Mitarbeiter im Gespräch formuliert, Konkordanzen, bzw. Diskordanzen festzustellen. Diese müssen dem Mitarbeiter selbst nicht völlig ersichtlich sein, insbesondere wenn Eigen- und Fremdwahrnehmung des Mitarbeiters sehr different sind.

Die Aussagen, die ein Mitarbeiter über seine jetzige berufliche Situation trifft, werden damit aber plausibler und unter Umständen durch die schriftlich getroffenen Aussagen gestützt.Formuliert der Mitarbeiter bereits konkrete Zielpositionen, auf die er sich bewerben will oder bereits beworben hat, macht es Sinn, ebenso ein Matching mit vergleichbaren Vakanzen durchzuführen. Auch macht es Sinn, Job-Entwicklungslandkarten (sofern im Kompetenz-Management eines Unternehmens vorhanden), die auf die Jobfamilie des Kandidaten zutreffen, in das Gespräch mitzunehmen, um mögliche Sidesteps bzw. Entwicklungen innerhalb der zutreffenden Jobfamilie zu diskutieren.

3.1.2 Ablauf des Placementgesprächs

Rollenklärung

Am Anfang eines Placementgesprächs sollte die Klärung der Rollen stehen. Der Placementberater stellt hierbei am Besten zunächst seine Rolle im Human Resources- Umfeld dar. Dann klärt er die spezifischen Verantwortlichkeiten: Demnach ist der Placementberater Coach und Berater. Er nimmt keine Ordnungsfunktion wahr und ist auch kein „Treiber", der den Kandidaten zu einem Ziel, einer Entscheidung, einer Veränderung etc. drängt. Der Placementberater weist auch darauf hin, dass er keine Garantie dafür übernehmen kann, dass der Kandidat innerhalb einer bestimmten Zeit eine neue Position im Unternehmen findet, noch kann der Berater den Kandidaten sozusagen „unter der Hand" vermitteln. Es muss klar werden, dass der Kandidat die Verantwortung selbst trägt und die zu erarbeitenden Schritte selbst tun muss, der Berater kann ihn lediglich dabei unterstützen.

Klärung (zeitlicher) Verlauf, Erwartung, Ziel

Der Placementberater sollte sehr auf die Einhaltung des zeitlichen Rahmens der Gespräche achten. Während ein Erstgespräch schon einmal zwei Stunden dauern kann, sollten die Folgegespräche auf maximal eine Stunde beschränkt werden. Nach dem Erstgespräch macht es Sinn, ein bis zwei Folgetermine im Abstand von ein bis zwei Wochen zu legen, danach sollten die Abstände größer werden, unter Umständen reichen kurze Telefonate.

Bereits im Erstgespräch sollte die Erwartung des Mitarbeiters sowohl an seine berufliche Veränderung als auch an das Placementgespräch erfragt werden. Gerade bei Kandidaten, wo es dem Placementberater schwierig fällt, im Zeitrahmen zu bleiben, empfiehlt es sich, für jedes Treffen bereits am Anfang des Gesprächs ein Ziel für das Treffen zu formulieren und ggf. auch als Erinnerung für beide zu notieren. So verhindert der Berater, dass die Gespräche zu weit vom Inhalt abkommen bzw. dass es zur Herausbildung unrealistischer Erwartungen seitens des Kandidaten kommt.

Klärung der Veränderungsphase

Nachdem der Kandidat die augenblickliche Situation, Erwartungen seinerseits sowie bereits erfolgte Bemühungen geschildert hat, muss sich der Berater schnell ein Bild machen, in welcher Phase der Veränderung sich der Kandidat befindet. Dies kann die Orientierungsphase sein, in welcher der Kandidat sich zunächst darüber klar werden muss, was er in seinem (beruflichen) Leben eigentlich will.

Dies kann die Entwicklungsphase sein, in welcher der Kandidat sich darüber klar werden muss, wie sein weiterer beruflicher Weg im Unternehmen aussehen soll und welche Entwicklungsschritte es nach oben oder seitwärts gibt. Oder schließlich kann dies die Bewerbungsphase sein, in der der Kandidat weiß, was er will und sich auch schon (noch erfolglos) beworben hat.

Die Kunst für den Berater liegt nun darin, zu erkennen, in welcher dieser Phasen der Bewerber steckt. Die Eigenwahrnehmung des Kandidaten geht mit der des Beraters dabei selten konform. Meist denken die Kandidaten, es fehle ihnen nur noch der richtige „Dreh" und dann erwiesen sich die Bewerbungen als erfolgreich. In der Tat stellt sich heraus, dass in der überwiegenden Anzahl der Beratungen die Kandidaten sich noch in der Orientierungsphase befinden.

Wie kommt nun der Berater dazu, dies zu erkennen? Es gibt dafür, außer dem Bauchgefühl, das sich aus vielen Beratungsgesprächen speist, kein Rezept. Allerdings kann der Berater mit offenen Fragen (sogenannte W-Fragen, Wie? Warum? Wozu?[1]) die spezifische Motivation für die angestrebte Tätigkeit hinterfragen.

Hilfreich ist es hier auch, bis auf die ursprüngliche Ausbildung des Kandidaten zurückzugehen und etwa zu erfragen, warum der spezifische Ausbildungsgang gewählt wurde, welche Alternativen denkbar gewesen wären etc.

Nicht selten kommt es vor, dass sich Kandidaten, die mehr zufällig in ein bestimmtes Berufsbild „gerutscht" sind, gar kein anderes Tätigkeitsfeld mehr vorstellen können. Oft sind es aber gerade diese Kandidaten, die sich dann zum Beispiel mit der Gründung eines eigenen Unternehmens oder selbständiger Tätigkeit einen lange vergessenen Wunsch erfüllen oder ihr Hobby zum Beruf machen.

Letztlich lässt sich der Status des Beratungsprozesses, wie auch die Phase des Kandidaten anhand von drei Fragen, die aufeinander aufbauen, ersehen. Diese sollten im Laufe der Beratung eine Beantwortung finden: Was will der Mitarbeiter (Orientierungsphase)? Wie nennt sich diese Tätigkeit im Unternehmen (Entwicklungsphase)? Welche Kompetenzen fehlen dafür noch (Bewerbungsphase)?

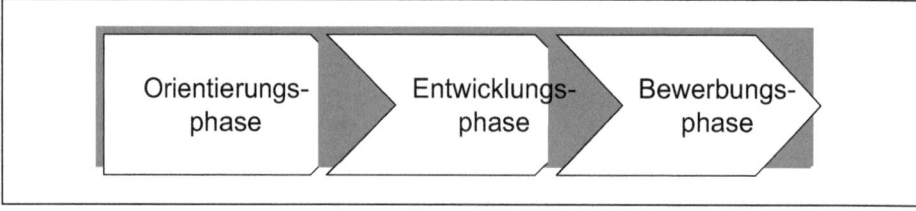

Abbildung 3-1: *Phasen der Placement-Beratung*

---

1   Vgl. Schulz von Thun, 1981

Was will der Mitarbeiter?

Was will der Kandidat kurz- mittel- langfristig erreichen (beruflich und privat)? Was macht der Kandidat gerne, weniger gerne, wo liegen nach Selbsteinschätzung die Stärken und Schwächen? Welche Stärken und Schwächen wurden dem Mitarbeiter im Laufe seines Berufslebens rückgemeldet? Was motiviert den Mitarbeiter? Wo engagiert er sich? Was empfindet der Mitarbeiter als sinnstiftend im (beruflichen) Leben?

Wie nennt sich diese Tätigkeit?

Wenn geklärt ist, was der Mitarbeiter generell will, sollte der Schritt, konkrete Tätigkeiten abzuleiten, nicht mehr eine große Hürde darstellen. Ggf. helfen Fragen nach dem beruflichen und privaten Umfeld, also beispielsweise, wer im Bekanntenkreis des Kandidaten erstrebenswerte Tätigkeiten ausübt, die ein ähnliches Qualifikationsprofil erfordern.

Hier muss der Berater erkennen, ob das erstrebte Profil als Tätigkeit im eigenen Unternehmen oder auf dem Markt vorkommt, und hierbei ist die Doppelfunktion von Placementberater und Recruiter in einer Person von großem Nutzen. Recruiter kennen nicht nur die offenen Vakanzen im Unternehmen und deren Anforderungsprofile, sie verfügen auch über einen Erfahrungsschatz hinsichtlich vergleichbarer Tätigkeiten am Arbeitsmarkt und können ggf. auch Headhunter, mit denen sie zusammenarbeiten, empfehlen.

Wenn die gewünschte berufliche Tätigkeit des Kandidaten eine Bezeichnung gefunden hat (nicht selten eine andere als der Kandidat selbst dachte), kann das Matching auf vorhandene Vakanzen stattfinden. Bei Bedarf wird der Berater dem Kandidaten auch anhand von Entwicklungslandkarten die möglichen zukünftigen Veränderungen innerhalb dieser Jobfamilie aufzeigen.

Welche Kompetenzen fehlen noch?

Anhand aktueller Qualifikationsprofile in den Stellenausschreibungen sowie dem Erfahrungsschatz des Recruiters hinsichtlich vergangener vergleichbarer Bewerbungsprozesse, können die notwendigen „hard facts", also im Wesentlichen die möglichen Kenntnisse und Erfahrungen des Kandidaten für das angestrebte Profil ermittelt werden.

Daraus wiederum lässt sich sehr gut ein möglicher Weiterbildungsbedarf konkretisieren, welcher nun, aufgrund dessen, dass ein Kandidat sehr präzise seine weitere berufliche Entwicklung skizzieren kann, in der Genehmigung durch die Führungskraft (soweit eingebunden) meist Aussicht auf Erfolg hat.

Bewerbungstraining

Wenn die Phase, in welcher der Kandidat sich befindet, erkannt ist und von diesem Punkt aus die weiteren Schritte vollzogen sind, bleibt noch konkret die „technische" Seite des beruflichen Veränderungsprozesses zu beleuchten.

Die wenigsten Kandidaten bringen in ein erstes Placementgespräch bereits optimale Bewerbungsunterlagen mit. Selbst Kandidaten, die vor Jahren ihre Unterlagen optimiert haben, werden diese alle vier bis fünf Jahre aktualisieren müssen. Dies nicht nur aufgrund der veränderten Tätigkeiten, die nun im Lebenslauf zusätzlich Platz finden, sondern auch hinsichtlich sich ändernder Layouttrends am Arbeitsmarkt.

Aber auch bereits erfolgte berufliche Karriereschritte erfordern unter Umständen eine angepasste Form der Aufmachung, insbesondere wenn man verschiedene Laufbahnmodelle berücksichtigt und deren angepassten „Code".

So wird beispielsweise ein Projektmanager, der sich innerhalb einer Fachlaufbahn eines Unternehmens entwickelt hat, sowohl die finanzielle Höhe der verantworteten Projekte als auch die Komplexität der Projekte im Einzelnen aufführen.

Eine Führungskraft wird die Anzahl der disziplinarisch geführten Mitarbeiter sowie ggf. als Leiter eines Geschäftsgebietes die Profit & Loss-Verantwortung schildern. Welche Punkte im Lebenslauf man nun heraushebt, hängt auch sehr stark von der beworbenen Zielfunktion ab. Geschulte Bewerber werden nicht nur ihr Anschreiben, sondern ggf. auch ihren Lebenslauf jedes Mal neu auf die geforderte Qualifikation abstimmen.

Beitrag des Kandidaten

Wie in der Rollenklärung bereits angemerkt, ist die aktive Rolle des Kandidaten ein entscheidender Punkt für den Erfolg der Platzierung. Dies umfasst nicht nur die Aufbereitung der Bewerbungsunterlagen. Zunächst gilt es natürlich, regelmäßig aktuelle Ausschreibungen (im Internet mit Filtersuche oder Suchagent) zu sichten. Der Umgang mit dem so genannten verdeckten Stellenmarkt ist als nächstes anzugehen, um von Vakanzen zu erfahren, bevor sie noch veröffentlicht werden.

Manchmal kommt es durch solche Anfragen bei Führungskräften auch vor, dass Positionen für Kandidaten geschaffen werden. Der Bewerber generiert dann praktisch selbst seinen Bedarf. Die Nachfrage direkt bei den ausschreibenden Führungskräften lohnt dabei in jedem Fall auch bei konventioneller Bewerbung.

Damit kommt der Kandidat bereits telefonisch in Kontakt mit der Führungskraft und hat die Möglichkeit, sich von anderen Bewerbern abzuheben, indem er mit seiner Stimme einen persönlichen Eindruck und damit eine Erinnerung bei der Führungskraft schafft. Auch im Nachgang einer Ablehnung lernt der Bewerber, sich direkt bei der Führungskraft die Gründe für die Ablehnung mitteilen zu lassen und durch eine Sammlung dieser Gründe wichtige

Informationen über die eigene Qualifikation zu bekommen, insbesondere wenn sich manche Ablehnungskriterien häufen.

Letztlich ist wichtig, dass der Kandidat in diese aktive Phase des Nachhaltens und Einforderns von Feedback kommt und nicht passiv auf sein Glück wartet. Der Placementberater kann hierbei nur im Sinne der Hilfe zur Selbsthilfe unterstützen. Die Verantwortung, eine neue Stelle zu finden, das muss dem Placementkandidaten unmissverständlich klargemacht werden, liegt bei ihm selbst.

Feedback

Der heikelste Punkt in der Placementberatung und zugleich auch der für den Kandidaten wertvollste stellt das Feedback des Beraters dar, das immer nur freiwillig und nur, wenn aktiv vom Kandidaten eingefordert, erfolgen darf.

Tendenziell wird der Berater in der Phase der Orientierung stärker als Coach arbeiten und eigene Wünsche des Kandidaten sowie vorhandenes Feedback seiner Umwelt (z. B. das Feedback der Führungskraft , das aus dem Mitarbeitergespräch ersichtlich ist) lediglich abgleichen, ohne eigene Eindrücke mitzuteilen.

Je weiter die Beratung fortschreitet und umso näher die Bewerbungsphase rückt, desto mehr tut eine punktuelle Rückmeldung des Beraters not. Diese kann sich weitgehend auf die Rückmeldung von Gründen beziehen, die aus der Sicht des Beraters einen fehlenden Bewerbungserfolg erklärt.

Bei aktiver Einforderung des Kandidaten können Berater und Kandidat, vorhandenes Vertrauensverhältnis vorausgesetzt, auch Feedback aus der Eigenwahrnehmung des Beraters thematisieren (zum Beispiel Kleidung oder Auftreten).

Am Anfang des Vertrauensverhältnisses kann es sinnvoll sein, objektive Mittel im Feedback zu verwenden, zum Beispiel den Einsatz einer Videokamera, die ein fiktives Bewerbungsgespräch des Kandidaten festhält.

Ist das Vertrauensverhältnis gefestigter, kann der Berater auch dazu übergehen, die eigenen Eindrücke lediglich verbal zu spiegeln, natürlich immer unter Berücksichtigung von Feedbackregeln, die es nicht nur dem Kandidaten ermöglichen, das Feedback anzunehmen, sondern auch aufgrund der Schilderung von konkreter Wahrnehmung und daraus abgeleiteter Wirkung produktiv verwendet werden können.[2]

---

2   Vgl. Kapitel 2.3.5

Sozialberatung

Der Placementberater muss in der Beratung erkennen, wann er die Grenzen beruflicher Beratungsmöglichkeiten erreicht hat. Dementsprechend ist die Placementberatung von reinem Coaching ebenso abzugrenzen wie von Therapie.

Im reinen Coaching definiert der Coachee (der vom Coach Beratene) seine Ziele selbst. Vielleicht werden diese auch erst im Laufe des Coachings definiert bzw. können sich auch im Verlauf ändern. Ein systemisch arbeitender Coach fungiert hier lediglich im sokratischen Sinne „maieutisch",[3] also im Sinne einer Hebamme und hilft dem Coachee das eigene Ziel zu verwirklichen.

In der Outplacementberatung mag es zwar in Zeiten der Standortbestimmung (also vornehmlich am Anfang der Beratung) Coachingphasen geben, doch immer ist das Ziel erklärtermaßen, den Placementkandidaten möglichst erfolgreich hinsichtlich Jobmöglichkeiten zu beraten. Ebenso grenzen sich sowohl Coaching als auch Placementberatung von der Therapie ab, insofern hier der Zusammenhang zu beruflichen Zielen in den Hintergrund tritt.

Sobald der Coach oder Placementberater merkt, dass es für den Kandidaten vor der Bewältigung der beruflichen Ziele noch persönliche Hürden und Herausforderungen zu bewältigen gilt, wird der professionelle Coach das Coaching beenden und der Placementberater die Beratung abbrechen bzw. unterbrechen.

In größeren Unternehmen empfiehlt sich hier der Verweis auf die interne Sozialberatung, die ihrerseits Bindeglied zwischen Unternehmen und ggf. externen Therapiestellen ist. Wenn die Zusammenarbeit zwischen Placementberatung und Sozialberatung sehr gut ist, kann sich dies für die betroffenen Mitarbeiter als sehr effektives Netz erweisen.

Es ist dabei klar, dass die Vertraulichkeit von Mitarbeiterinformationen als Einbahnstraße fließen muss. Während der Placementberater „symptomatische" Informationen an die Sozialberatung ohne Weiteres weitergeben darf, verbietet sich dies vice versa natürlich strengstens.

Verständnisfragen

- Was unterscheidet Outplacement von Placement?

- Wie unterscheiden sich Coaching, Placement und Therapie?

- Was ist ein „verdeckter" Stellenmarkt?

- Von wem sollte die Initiative, eine Placementberatung zu beginnen, ausgehen? Warum?

---

3   Der Begriff der Maieutik geht auf den Philosophen Sokrates zurück, der im 5. Jh. v. Chr. in Griechenland mit Hilfe seiner Fragetechnik der Maieutik, der „Hebammenkunst", Wissen, das bereits in den Menschen vorhanden ist, zum Vorschein gebracht hat.

3.2 Einsatz von Persönlichkeitstests

Im Rahmen von Weiterbildungsmaßnahmen, im Coaching oder auch innerhalb von Organisationsentwicklung, (zum Beispiel für Teamentwicklungen) finden Persönlichkeitstests bereits Verbreitung. Für Personalauswahl ebenso wie für Performance Management Systeme haben sich hingegen verhaltensorientierte Instrumente bewährt.[4]

Innerhalb der Outplacement- und Placementberatung generell bietet sich die Verwendung von Persönlichkeitstests dagegen an und wird auch weitgehend genutzt. Ziel ist es dabei, keine Auswahlentscheidung zu treffen, sondern dem Kandidaten bzw. Klienten anhand des Testverfahrens eine zusätzliche Entscheidungshilfe hinsichtlich beruflicher Neuorientierung oder Karriereberatung zu geben.

Der Test erfüllt hier mehrere Zwecke. Zum einen zeigt sich in der Beratungspraxis, dass sich Kandidaten schneller öffnen, wenn als Einstieg in die Orientierungsphase einer Beratung ein Testverfahren verwendet wird. Gerade psychologisch wenig erfahrene Kandidaten erleben Tests meist als aussagekräftig.

Die Neigung, eine Distanz zum Berater aufrecht zu erhalten oder unter Umständen eine Rolle aufrecht zu erhalten, die der Wirklichkeit nicht entspricht, schwindet. Hierbei muss der Berater aber sehr feinfühlig vorgehen, dass sich der Klient nicht entblößt fühlt.

Es versteht sich deshalb von selbst, dass Testverfahren nur bei völliger Akzeptanz der Klienten durchgeführt werden sollten. Zum anderen schafft ein Testverfahren oft eine grundsätzliche Öffnung eines Placementkandidaten für grundsätzliche (Berufs-) Möglichkeiten, da der Raum der jetzigen bekannten beruflichen Optionen verlassen wird. Deswegen bietet es sich an, Testverfahren immer gleich an den Anfang der Placementberatung zu stellen, an den Anfang der Orientierungsphase.

Viele Testverfahren haben einen klinisch psychologischen und therapeutischen Hintergrund und zeigen sich demnach für den Einsatz in Wirtschaftunternehmen nur bedingt geeignet. Der Einsatz von Testverfahren, seien es Persönlichkeits- oder auch Intelligenztests wird in Deutschland noch sehr unterschiedlich gehandhabt.

Während im Weiterbildungs- und Trainingsbereich zahlreiche Anbieter insbesondere Persönlichkeitstests einsetzen, werden diese im Unternehmensbereich kaum verwendet. Das hat mehrere Ursachen.

Zum einen verbietet meist die unternehmerische Mitbestimmung, wie sie zum Beispiel in Betriebsvereinbarungen verankert ist, eignungsdiagnostische Instrumente, die in den Privat- bzw. Persönlichkeitsbereich reichen. Werden Sie eingesetzt, so setzt dies eine Einwilligung

---

4   In der Personalauswahl Assessment Center oder strukturierte Interviews, die nach dem Verhaltensdreieck konzipiert sind. Bei Performance Management-Systemen etwa Mitarbeitergbeurteilung, Aufwärtsbeurteilung, 360-Grad-Feedback etc.

der Testperson voraus. Insbesondere Intelligenztests werden meist nur bei Zielpersonen angewendet, die (noch) kein Hochschulstudium absolviert haben, um logisch-analytische Kompetenz zu messen.

International zeigt sich ein immer stärkerer Trend zu gemischten Verfahren. So bietet sich an, zum Beispiel innerhalb eines Assessment Centers Testverfahren als Ergänzung anzuwenden. Sinnvoll lässt sich dies z.B. tun in dem man Testverfahren, ebenso wie das strukturierte Interview als Ergänzung heranzieht.

Wie bereits erwähnt, misst das Assessment Center das „Was" und das „Wie", ein Test kann in Ergänzung dazu erklären, warum ein Kandidat ein bestimmtes Verhalten zeigt.

Insbesondere in Ergänzung zu Verhaltensergebnissen im Assessment Center, der Selbstsicht des Kandidaten im Interview und den Ergebnissen von Testverfahren, lässt sich so ein interessantes eignungsdiagnostisches Instrumentarium herstellen.

In der Praxis wird man allerdings aufgrund von Zeitersparnis nicht dieses komplette Instrumentarium bemühen. Es ist demnach erforderlich, eine Priorisierung zu treffen, die meist zugunsten verhaltensdiagnostischer Instrumente ausfällt.

Zudem sprechen sich viele Experten und Unternehmen auch grundsätzlich gegen die Verwendung von Testverfahren aus. Dies liegt zum Teil an einer fraglichen Validität einiger Tests, aber auch an der fraglichen Verknüpfung etwa persönlichkeitsrelevanter Merkmale mit beruflich geforderten Qualifikationen.

Für ein Unternehmen ist es diesbezüglich nicht wesentlich, ob ein Bewerber beispielsweise grundsätzlich gerne im Team arbeitet oder eher ein Einzelgänger ist. Wichtig ist, ob der Bewerber bei Bedarf im Team arbeiten kann. Die Teamfähigkeit als Verhalten steht damit im Vordergrund.

Es ist demnach für ein Unternehmen nicht notwendig zu wissen, ob dem Verhalten eine bestimmte Persönlichkeitsstruktur zugrunde liegt, solange das gewünschte Verhalten gezeigt wird.

Umgekehrt lässt sich auch fragen, ob aus einer bestimmten diagnostizierten Persönlichkeitsstruktur unmittelbar auf bestimmte Verhaltensweisen geschlossen werden kann, wie es bei den so genannten psychologischen Trait-Modellen der Fall ist.

3.2.1 Type- und Trait- Modelle

Trait- oder Eigenschaftsmodelle[5] leiten Verhalten aus einer bestimmten Persönlichkeitsstruktur ab, also beispielsweise:

---

5   Eigenschaftsmodelle, die anhand von Quantität und Normalverteilung messbar sind, z.B. 16 PF, CPI, OPQ. Einen guten Überblick über Testverfahren findet sich im Handbuch wirtschaftspsychologischer Testverfahren von Sarges/Wottawa, 2005

„Du hast dich so
verhalten, weil du
aggressiv bist!"

Typenmodelle dagegen lassen zwischen Persönlichkeitsstruktur und gezeigtem Verhalten einen Spielraum, in dem sie beispielsweise von Präferenzen sprechen, die bestimmte Verhaltensweisen begünstigen, aber dennoch veränderbar bleiben:[6]

„Deine Entscheidung, dich so zu
verhalten, ist Ausdruck deiner
Präferenz für Denken!"

Typpräferenzen führen also nicht zu Verhalten, sondern sind vielmehr als Ausdruck einer Verhaltensweise zu sehen. Dies lässt innerhalb der Typenmodelle die grundsätzliche Entscheidung für ein bestimmtes Verhalten zu. Verhält sich demnach ein bestimmter Typ nicht gemäß seiner Anlage, so muss er mehr Energie aufwenden, aber dieses Verhalten ist grundsätzlich möglich. Allen Tests ist gemeinsam, dass sie Selbstaussagen der Kandidaten abbilden, die immer auch die Gefahr bergen, eine bestimmte gewünschte Rolle kommunizieren zu wollen.

Traitmodelle gehen davon aus, dass bei jedem Menschen alle Persönlichkeitsmerkmale zumindest minimal ausgeprägt sind und damit universell auftreten. Diese Ausprägung ist messbar und führt zu einem bestimmten gezeigten Verhalten einer Person. Entsprechende statistische Signifikanz vorausgesetzt, entsteht bei der Auswertung der Ergebnisse eine Normalkurve, wobei die Werte der meisten Menschen irgendwo in der Mitte liegen und damit eine durchschnittliche Ausprägung des betreffenden Persönlichkeitsmerkmales besitzen. Insbesondere an den Extremwerten, die meist auch mit extremen Formulierungen im Test („äußerst", „energisch" etc.) einhergehen, werden Werturteile über die Anpassungsfähigkeit oder die Kompetenz eines Menschen, gemessen an einer Normalverteilung, getroffen.

Für Personalauswahlverfahren lassen sich in der Wirtschaft diese Tests demnach auch bewusst einsetzen. Man kann demnach beispielsweise anhand des geforderten Merkmals der Flexibilität eine graduelle Differenzierung der Kandidaten bezüglich der Eignung messen. Dagegen gehen Typenmodelle davon aus, dass Menschen kategoriell verschieden sind und Präferenzen damit nicht universell vorhanden sind. Da es keine Normalverteilung von Typpräferenzen gibt, lassen sich diese auch nicht graduell werten. Eine graduelle Einordnung

---

6   Beispiel für ein Typenmodell ist der MBTI® (Meyers-Briggs-Type-Indicator), genutzt in mehr als 30 Sprachen, der eines der meist verbreitetsten Testverfahren darstellt.

erfolgt lediglich hinsichtlich der Eindeutigkeit, mit der man die kategorielle Einsordnung messen kann. Dies schließt aber nicht aus, dass Menschen ihre nichtpräferierten Seiten ebenso nutzen bzw. entwickeln.

Typenmodelle erweisen sich demnach für die Personalauswahl als ungeeignet und sollten bevorzugt als Personalentwicklungsinstrument eingesetzt werden. Im Folgenden soll als Beispiel für ein Typenmodell mit dem MBTI ein Instrument beleuchtet werden, das sich aufgrund der Ausrichtung an gesunden Personen sehr gut für den Einsatz in der Wirtschaft eignet. Zum anderen ist die Ausrichtung als Typenmodell ein Ansatz, der dem Entwicklungsgedanken der Kompetenzmodelle von Unternehmen nahe steht. Schließlich sind für Unternehmen nur solche Personalentwicklungsinstrumente von Nutzen, welche mit veränderbaren Verhaltensweisen arbeiten und aus denen sich (Weiterbildungs-) Maßnahmen ableiten lassen.

3.2.2 Einführung in den MBTI

Der MBTI (Meyers-Briggs-Type-Indicator) gehört zu den Persönlichkeitstests, die weltweit am meisten im Einsatz sind.[7] So gibt es Übersetzungen des Fragebogens in mehr als 30 Sprachen und groß angelegte empirische Statistiken, die insbesondere in Großbritannien durchgeführt wurden. Auch im Bereich der Teamentwicklung ist der MBTI weit verbreitet, und es ist nicht selten, im angelsächsischen Sprachraum auf Visitenkarten die MBTI-Ausprägung abgedruckt zu sehen. Auch ist es keine Seltenheit, wenn Teams hinsichtlich ihrer MBTI-Ausprägung zusammengestellt werden. Ziel hierbei ist es, möglichst viele verschiedene Typen im Team abzubilden, so dass keine Kompetenzlöcher entstehen. Wenn man kein Gruppen(out-)placement durchführt, ist aber der Einsatz des MBTI innerhalb von Placement auf Einzelpersonen abgestimmt und soll helfen, sich selbst besser einschätzen zu können. Die Aussagen des MBTI gehen dabei so weit, eine konkrete Berufswahl aus den jeweiligen Typen abzuleiten.

Dem Test liegt die Typenlehre von Carl Gustav Jung[8] zugrunde und die Testautoren fordern, dass MBTI-Trainer sich mit diesen theoretischen Grundlagen des Verfahrens auseinandersetzen.[9] Katherine Briggs (1875-1968) und deren Tochter, Isabel Meyers Briggs (1897-1980) haben sich in der Folge bemüht, die Jungsche Theorie der psychologischen Typen verständlich und nutzbar zu machen.

Obwohl der MBTI als Fragebogen zur Selbstauswertung aufgebaut ist, wie die meisten Testverfahren, legen die Autoren darauf Wert, ihn nicht als Test im eigentlichen Sinne zu be-

---

[7]   Dazu hat auch der Buchbestseller „Please understand me" von Keirsey/Bates, 1984 beigetra-gen.

[8]   C. G. Jung, 1999

[9]   In Zusammenhang damit steht ein Zertifizierungsverfahren für MBTI-Trainer. Der Test sollte aus qualitativen Gründen nicht von Personen durchgeführt werden, die nicht die Zertifizie-rung erlangt haben. Zuständig für das Zertifizierungsverfahren in Deutschland ist die Firma AMT Management Performance AG, www.a-m-t.de.

zeichnen, sondern als Indikator. Das MBTI-Verfahren arbeitet nicht mit Eigenschaftsmodellen, wie das 16PF, CPI oder OPQ tun[10] sondern mit Präferenzaussagen.

Was mit Präferenzen gemeint ist, wird am Besten deutlich, wenn man die im MBTI-Training übliche Übung zum Präferenzverständnis durchführt. Man schreibt demnach seinen Namen sowohl mit der eigentlichen Schreibhand als auch mit der anderen Hand. Wie sich das Schreiben mit der bevorzugten Hand anfühlt, veranschaulicht, was der MBTI mit Präferenz meint. Man kann beide Hände zum Schreiben benutzen, was die grundsätzliche Entwicklungsfähigkeit im MBTI ausdrückt, kompetent, effizient, angenehm geschieht dies aber nur mit unseren Präferenzen.

Konstruktionsgrundlagen

Der MBTI beschreibt auf vier Skalen jeweils dichotome Persönlichkeitsmerkmale, damit ergeben sich insgesamt acht verschiedene Typenmuster bzw. 16 verschiedene Persönlichkeitstypen.

Die erste Skala misst, woraus psychische Energie bezogen wird, entweder extravertiert (E) über die Außenwelt oder introvertiert über die Innenwelt (I).

Die zweite Skala misst die Art, wie Informationen bevorzugt aufgenommen werden, über die sinnliche Wahrnehmung (S) oder über die Intuition (N).

Abbildung 3-2: *Die acht Typenmuster des MBTI*

---

10   16PF= 16-Persönlichkeits-Faktoren-Test (Schneewind/Schröder/Cattell); CPI= California Psy- chological Inventory (Weinert/Gough); OPQ= Occupational Personality Questionnaire (Savil le/Holdsworth). Siehe dazu zum Beispiel: Sarges/Wottawa, 2005.

Die dritte Skala beschreibt, wie Entscheidungen bevorzugt getroffen werden, logisch analytisch (T) oder gefühlsbezogen (F).

Meyers-Briggs fügte schließlich die vierte Skala hinzu, welche den Umgang mit der Außenwelt beschreibt, entweder strukturiert und planend (J) oder spontan und prozessorientiert (P).[11]

Dabei geht die Theorie davon aus, dass die Kenntnis des eigenen Typus bzw. anderer Typen die Kommunikation und Zusammenarbeit erleichtert, was den Einsatz innerhalb der Teamentwicklung erklärt. Den Präferenzen sind definierte Beschreibungen hinterlegt, unter anderem:

- Extraversion:
  Energie aus der Umwelt aufnehmen, beim Tun, bei der Beschäftigung mit Dingen in der Außenwelt und im Kontakt mit Menschen.

- Introversion:
  Energie aus der Innenwelt beziehen durch ruhiges Nachdenken, sich auf die eigenen Gedanken und Ideen konzentrieren.

- Sensation:
  Neigung, sich an konkreten Informationen und Fakten zu orientieren, um herauszufinden, was tatsächlich gerade passiert. Beachten, was um einen herum gerade vor sich geht, besonders auf praktische Aspekte.

- Intuition:
  Neigung, die Aufmerksamkeit auf Muster und größere Zusammenhänge zu richten, statt auf die konkreten Daten. Sich dafür interessieren, wie das eine mit dem anderen zusammenhängt. Nach dem Ausschau halten, was sein könnte und sich nicht unbedingt an dem orientieren was ist. Fokus auf Ideen und Möglichkeiten.

- Thinking:
  Neigung, Entscheidungen von einem objektiven Standort aus zu treffen, von dem aus man die logischen Konsequenzen einer Entscheidung oder Handlung analysieren kann. Objektive Kriterien, Regeln und Prinzipien anwenden. Sich oft von einer Situation distanzieren, um sie objektiv bewerten und Ursache-Wirkung analysieren zu können.

- Feeling:
  Neigung, Entscheidungen von einem subjektiven Standpunkt aus zu treffen, von dem aus man die Auswirkung von Handlungen auf die eigenen persönlichen Überzeugungen überprüft. Harmonie suchen und die Wichtigkeit der mitschwingenden unterschiedlichen Werte abschätzen. Sich oft in eine Situation hineinversetzen, um sie persönlich anhand der eigenen Werte zu deuten.

---

11 Die Buchstabenkürzel entsprechen dabei den englischen Bedeutungen Extraversion (E), Intro version (I), Sensing (S), Intuition (N) Thinking (T), Feeling (F), Judging (J) und Perceiving (P).

■ Judging:
Neigung, Entscheidungen auf einen Punkt hin zu führen. Sein Leben eher in geordneten und geplanten Bahnen führen und die Dinge unter Kontrolle und geregelt wissen. Gern einen Plan erstellen und sich daran halten, bis er umgesetzt ist. Man ist zufrieden, wenn die Arbeit getan ist.

■ Perceiving:
Neigung, sich für neue Erfahrungen und Informationen offen zu halten. Sein Leben lieber flexibel und spontan leben. Sich ohne Weiteres auf den Lauf der Dinge einlassen und durchaus den Vorteil von „last minute"-Optionen mitnehmen. Sich gern auf neue Ressourcen einlassen und anpassungsfähig sein und sich durch Pläne und Strukturen eher eingeengt fühlen.

Aus der Entscheidung für die jeweiligen Präferenzen ergibt sich der jeweilige Typ, der in vier Buchstaben beschrieben werden kann, also zum Beispiel „ESTJ". Die visuelle Darstellung der Präferenzwerte lässt dabei eine graduelle Darstellung der Ausprägung zu.

Ablauf der MBTI-Auswertung (Setting)

Eine qualitativ hochwertige MBTI-Auswertung ist zeitlich sehr umfangreich. Kunden sollten bei der Auswahl des MBTI-Beraters darauf achten, dass dieser zertifiziert ist. Zum anderen sollte beachtet werden, dass sich das Instrument zum Einsatz mit Gruppen nur unter bestimmten Bedingungen eignet. Der MBTI eignet sich für den Einsatz in einer Teamentwicklung nur für Gruppen bis ca. 12 Teilnehmern. Ansonsten muss die Durchführung, um qualitativ zu bleiben, ggf. mit einem zweiten Trainer ergänzt werden.

Dem eigentlichen Teamevent hat eine Einzelauswertung vorauszugehen, so dass man sich am Durchführungstag selbst auf diejenigen Übungen konzentrieren kann, die zur Verdeutlichung der Dichotomien dienen, die im jeweiligen Team vorhanden sind. Die Vorauswertung und das individuelle Rückmeldegespräch müssen zeitlich damit also bereits vor dem Teamevent eingeplant werden.

Eine ausführliche MBTI-Durchführung beinhaltet demnach für den Einzelnen folgende Schritte: Zunächst füllt ein Kunde den Fragebogen selbst aus (Dauer ca. 20 Minuten) und schickt diesen an den Trainer zurück. Dieser wertet den Bogen aus und führt mit dem Kunden ein Feedbackgespräch (Dauer ca. eine Stunde). In dem Rückmeldegespräch werden dem Kunden zunächst die einzelnen Dichotomien mit hinterlegten Beispielen vorgestellt. Der Kunde entscheidet sich auf dieser Basis für einen Selbsteinschätzungstyp in Form von vier Buchstaben. Anschließend zeigt der MBTI-Berater dem Kunden die Buchstabenkombination des berichteten Typs.

Statistisch stimmt bei vielen Menschen die Selbsteinschätzung mit dem vom Berater ausgewerteten Typ überein. Damit steht der Typ fest. Wenn es Unterschiede zwischen Selbsteinschätzung und berichtetem Typ gibt, entscheidet der Kunde selbst, welche Aspekte aus beiden Ergebnissen besser auf ihn zutreffen. Daraus ergibt sich der sogenannte Best-Fit-Type.

Für eine mögliche Abweichung zwischen Selbsteinschätzung und berichtetem Typ werden mehrere Erklärungen angeboten. Zum einen kann die Arbeitsumgebung oder die Art der Arbeit dazu geführt haben, die weniger präferierte Seite einsetzen zu müssen. Menschen können dies zufolge des Entwicklungsaspektes der Theorie und haben demnach wahrscheinlich viel Mühe investiert, um in jener weniger bevorzugten Art produktiv tätig zu sein. Aber es ist wahrscheinlich weniger interessant und kostet mehr Energie, als wenn man sich innerhalb der bevorzugten Bereiche aufhält. Auch kann das soziale Umfeld, in dem Menschen aufgewachsen sind oder in dem sie aktuell leben, verhindern, dass die wahren Präferenzen ausgelebt werden können. Diese Personen fühlen sich demnach gedrängt, eine bestimmte soziale Rolle zu spielen, welche die weniger bevorzugte Präferenz abfordert.

Abbildung 3-3: MBTI-Setting

Typendynamik

Die Aussagen, die sich aufgrund der Buchstabenkombination ergeben, reichen für eine detailliertere Persönlichkeitsanalyse nicht aus. So ergibt sich aus den Funktionspaaren ST, SF, NT, NF zwar ein erster Anhaltspunkt, es wird aber beispielsweise nicht klar, ob bei der Kombination ST die sinnliche Wahrnehmung oder die analytische Beurteilung (T) als stärkste Präferenz wirkt. Um diese Präferenz innerhalb eines bevorzugten Funktionspaares näher kennen zu lernen, muss man das dynamische Inneinanderwirken der Funktionen verstehen. Für dieses Verständnis eignet sich sehr gut die Metapher eines Autos bzw. der Mitfahrenden.

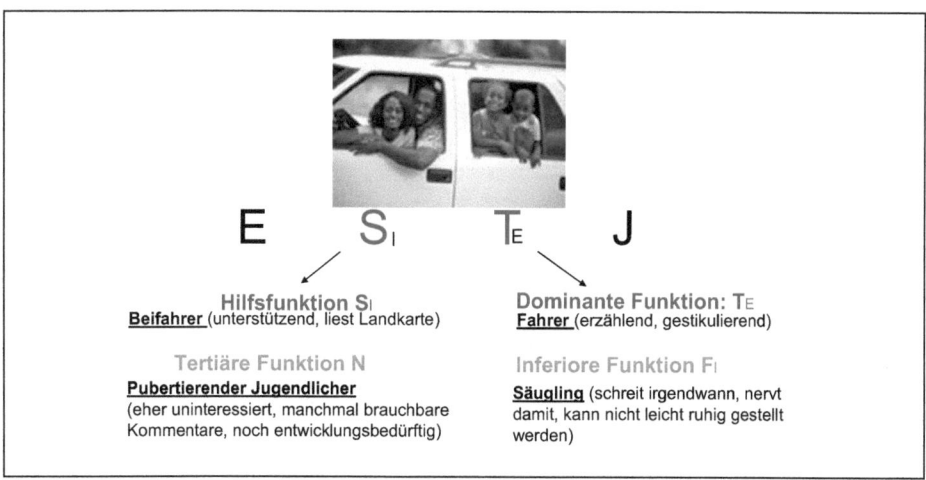

E   S_I   T_E   J

Hilfsfunktion SI
<u>Beifahrer</u> (unterstützend, liest Landkarte)

Dominante Funktion: TE
<u>Fahrer</u> (erzählend, gestikulierend)

Tertiäre Funktion N
<u>Pubertierender Jugendlicher</u>
(eher uninteressiert, manchmal brauchbare
Kommentare, noch entwicklungsbedürftig)

Inferiore Funktion F_I
<u>Säugling</u> (schreit irgendwann, nervt
damit, kann nicht leicht ruhig gestellt
werden)

Abbildung 3-4: *MBTI-„Auto"*

Die dominante Funktion:

Dabei wird die sogenannte dominante Funktion durch den Fahrer repräsentiert. Er fährt das Auto, bestimmt Fahrtrichtung, Geschwindigkeit, Pausen, Regeleinhaltung bzw. -überschreitung. Menschen setzen diese stärkste Funktion bevorzugt in dem Bereich ein, aus dem sie ihre Energie beziehen. Bei Extraversion geschieht dies bevorzugt in der Außenwelt, vergleichbar dem erzählenden und gestikulierenden Fahrer.

Bei Introversion findet die dominante Funktion ihre Anwendung in der Innenwelt, was bedeutet, dass die Person erst über die Situation reflektiert, bevor sie sich äußert. Somit gibt es zu jeder Funktion immer zwei Ausrichtungen, zum Beispiel Fühlen (F) als Fe oder Fi, je nach Ausprägung extra- oder introvertiert. Ein Beobachter sähe demnach in einer Situation nicht, was in einer introvertierten dominanten Funktion eines beobachteten Menschen vor sich geht.

Menschen setzen ihre dominante Funktion vorwiegend in ihrer bevorzugten Welt ein. Wenn sie also mehr Energie aus der Außenwelt beziehen, also extravertiert sind, dann wird sich die dominante Funktion auch dort äußern. Beispielsweise hat der ESTJ-Typ das Denken (Thinking T) als dominante Funktion. Durch die extravertierte Ausprägung (E) wird dieser Typ seine logischen Begründungen und Schlussfolgerungen auch laut aussprechen.

Die Hilfsfunktion:

Die sekundäre Funktion, auch Hilfsfunktion genannt, wird im Bild des Autos in der Person des Beifahrers repräsentiert. Er liest die Landkarte und unterstützt somit den Fahrer. Die Hilfsfunktion wird in Hinsicht auf den Bezug zur Außenwelt als entgegengesetzt zur dominanten Funktion verwendet. Ist die dominante Funktion extravertiert, dann ist die Hilfsfunktion introvertiert und umgekehrt. Um im Beispiel des ESTJ- Typen zu bleiben, beziehen diese ihre Informationen für Entscheidungen aus ihrem introvertierten Empfinden also zum Beispiel Erfahrungen aus der Vergangenheit, aus dem was andere getan haben usw.

Die tertiäre Funktion:

Die sogenannte tertiäre Funktion ist vergleichbar mit einem pubertierenden Jugendlichen auf dem Rücksitz hinter dem Beifahrer. Zeigt er sich am Geschehen eher uninteressiert, gibt er doch oft auch brauchbare Kommentare von sich. Die tertiäre Funktion ist noch entwicklungsbedürftig.

Die inferiore Funktion:

Schließlich spiegelt die vierte oder auch sogenannte inferiore Funktion das Verhalten eines Säuglings wider, der während der Fahrt mit Sicherheit einmal schreit, den Fahrer damit nervt, aber auch nicht leicht ruhig gestellt werden kann. In der Theorie von C.G. Jung entspricht diese vierte Funktion dem Unbewussten und beinhaltet damit das, was ein Mensch persönlich nicht wahrnehmen will und ggf. dem Ich-Ideal widerspricht. Gerade diese unbewussten Merkmale können vorwurfsvoll auf Andere projiziert werden. Dabei bietet die inferiore Funktion eine große Chance für die persönliche Entwicklung. Jung ging davon aus, dass Personen insbesondere in der zweiten Lebenshälfte auf die Entwicklung ihrer inferioren Funktion achten. Die inferiore Funktion ist ebenso wie die Hilfsfunktion entgegengesetzt ausgeprägt zur dominanten Funktion hinsichtlich der Richtung auf die Außenwelt.

Formel zur Berechnung der Typendynamik:

Dabei gilt als generelle Formel zur Bestimmung der Typendynamik: J verweist auf T oder F, P verweist auf N oder S. Der Verweis der vierten Skala bestimmt immer zunächst die extravertierte Ausprägung, der andere Teil des Funktionspaares bestimmt sich danach introvertiert. Im Folgenden bestimmt sich durch die erste Skala die dominante Funktion. Hilfsfunktion, tertiäre Funktion und inferiore Funktion leiten sich dementsprechend davon ab. Dabei bekommt die tertiäre Funktion keine Ausprägung (introvertiert oder extravertiert) zugewiesen, während die inferiore Funktion immer die ihrem Typenmuster gegensätzliche Ausprägung bekommt.

Auswirkungen in Stresssituationen

Im Alltag zeigt sich die inferiore Funktion vor allem in Stresssituationen. Der MBTI liefert dabei Vorhersagen über die wahrscheinlichen Reaktionen der verschiedenen Typen auf Stress- bzw. Konfliktsituationen, welche sich in Phasen darstellen. Zunächst versucht die dominante Funktion der Situation Herr zu werden, indem sie verstärkt die Kontrolle übernimmt. Wächst der Konflikt und der Stress weiter an, kippt die dominante Funktion irgendwann über und die inferiore Funktion kommt zum Vorschein.

Je nach Ausprägung findet bei extravertierten Typen dieser Prozess nach außen sichtbar bzw. bei introvertierten Typen eher unbemerkt statt. So versetzen introvertierte Menschen, die unerwartet außengerichtet reagieren, ihre Umwelt oft in Erstaunen. Wenn die inferiore Funktion die Oberhand in akutem Stress hat, kann dies in verschiedenen Funktionen unterschiedlich zur Geltung kommen.

Ist bei einem Intuition (I)-Typ die inferiore Funktion Sensing (S) so kann sich beispielsweise eine zwanghafte Besessenheit für Details ergeben. Ein Sensing (S)-Typ, welcher als inferiore Funktion Intuition (I) hat, wird sich möglicherweise in pessimistischer Weise auf die Zukunft konzentrieren. Ein Feeling (F)-Typ, dessen inferiores Funktion Thinking (T) ist, kann dazu tendieren, vereinfachte, unangemessene Entscheidungen zu treffen, welche auf inkompetenter Anwendung von Logik gründen. Umgekehrt kann bei einem Thinking (T)-Typ, bei dem als inferiore Funktion Feeling (F) wirkt, übergroße emotionale Sensibilität bis zum Selbstmitleid entwickelt werden.[12]

Mögliche Hilfe, der Stressfalle zu entgehen, bietet in der Theorie des MBTI möglicherweise eine Konzentration auf die jeweilige sekundäre Hilfsfunktion bzw. einfach eine Ruhepause einzulegen.

Zusammenfassend kann bemerkt werden, dass ein Aufhalten im Rahmen der präferierten Bereiche grundsätzlich den meisten Erfolg versprechen wird. Darüber hinaus regt die Theorie aber an, auch die unterentwickelten Bereiche ein Leben lang weiterzuentwickeln, um die Persönlichkeit reifen zu lassen.

MBTI in Teamentwicklung und Projektarbeit

Die Philosophie des Einsatzes in der Zusammensetzung von Teams gründet sich auf der Vorstellung, dass die Zusammenarbeit im Team sich verbessert, wenn die Persönlichkeitsprofile der einzelnen Teammitglieder bekannt sind. So lässt sich die Effektivität des gesamten Teams erhöhen bzw. Schwächen der Performance analysiert werden.

Beispielsweise kann eine Überbetonung von logisch-analytischen Entscheidungen (Thinking) in einem Team dazu führen, dass die persönlichen Werte der Teammitglieder (Feeling) zu wenig Berücksichtigung finden. Findet eine zu starke Fokussierung auf strategischer Arbeit (Intuition) statt, kann dies auf Kosten einer Vernachlässigung effizienter Implementierung (Sensing) geschehen. Unterschiedliche Typen organisieren nach der MBTI-Theorie ihre Arbeit auf unterschiedliche Art und Weise.

So ermöglicht die Kenntnis des eigenen Lern- und Arbeitsstiles, die eigenen Stärken zu nutzen ebenso wie bei einer Rekrutierung von Mitarbeitern für Projektarbeit die unterschiedlichen Ausprägungen die Teamperformance maximiert indem die verschiedenen Erfordernisse, die zum Beispiel in einem Projekt auftauchen können, abgedeckt werden.

Dabei weiß man, dass für die Performance eines Teams, sei es temporär in einem Projekt oder auch mittelfristig in einer bestehenden Abteilung, die gruppendynamische Ebene eine wesentliche Rolle spielt. Die Erfahrung zeigt, dass Menschen den Umgang mit Personen der eigenen

---

12 Zum Verständnis sei angemerkt, dass sich die inferiore Funktion generell im Gegensatz zur dominanten Funktion auf kindische, verzerrte und inakzeptable Weise auswirkt. Die dominante Funktion dagegen kann als Stärke gezielt eingesetzt werden.

Typ-Präferenz als einfacher beschreiben, ähnlich des Übertragungseffekts wonach ähnliche Menschen als sympathischer erlebt werden.[13]

Negative Eigenschaften hingegen werden eher Personen zugeordnet, die eine entgegengesetzte Präferenz besitzen. Betrachtet man nun die Performance eines Teams oder die Ergebnisse eines Projekts, so stehen nicht die Beziehungen der Beteiligten im Vordergrund, sondern die optimale Lösung der Aufgaben.

Dementsprechend ist es hilfreich, bezüglich der Performance von Teams die üblichen Stadien der Zusammenarbeit zu kennen[14] und das Team dementsprechend zu begleiten, anstatt an der Nivellierung der Unterschiedlichkeiten zu arbeiten bzw. von vornherein diese Unterschiedlichkeit aufgrund homogener Teamzusammenstellung zu verhindern.

Auch können die unterschiedlichen Kompetenzen der Teammitglieder zur Bewältigung des Gruppenprozesses hin zu einem Performance-Team nutzbringend eingebracht werden.

Beispielsweise kann in der Planungsphase eines Projektes zur Situationsanalyse die Kompetenz der Faktensammlung des Sensation-Types in Anspruch genommen werden, während der Intuition-Typ z.B. verschiedene Problemlösungsmöglichkeiten im Brainstorming erarbeitet. Auf der Entscheidungsebene kann der Thinking-Typ eine Analyse aller Lösungsvorschläge vornehmen, während schließlich der Feeling-Typ die individuellen Konsequenzen der Wahl beachten wird. Ein Team wird demnach umso effektiver sein, je mehr unterschiedliche Typen in ihm wirken.

Der MBTI in der Karriereberatung

Wie bereits erwähnt, liefert die Typentheorie des MBTI nicht nur eine Beschreibung der Präferenzen, sondern macht darüber hinaus auch konkrete Angaben zur Weiterentwicklung. Besonders interessant für diesen Kontext, insbesondere im Rahmen der Placementberatung, ist dabei die Zuweisung der Präferenzen zu konkreten beruflichen Interessen. Der MBTI wird demnach sehr oft auch in der Placement- und Outplacementberatung eingesetzt. Dabei besteht zum einen die Möglichkeit, ganz am Anfang in der Orientierungsphase des Kunden eine Klarheit über die eigenen Stärken zu schaffen. Am Ende der Beratung, wenn es um konkrete Weiterentwicklung bzw. Jobplatzierung geht, wird der MBTI oft verwendet, um konkrete Berufsmöglichkeiten aufzuzeigen. Dabei geht das Instrument so weit, sogar konkrete Einsatzmöglichkeiten und Berufe mit den Funktionspaaren (ST, SF, NF, NT) zu verbinden.

ST – Berufliche Interessen:

Typen mit der Präferenz für Sensation/Thinking konzentrieren sich vor allem auf Tatsachen. Dabei wenden Sie objektive Analyseverfahren und auch bereits gemachte Erfahrungen an.

---

13 Siehe Kapitel 2.3.5
14 Damit sind die typischen Teamstadien forming, storming, norming, performing zur Bildung eines High Performance Teams gemeint (nach Tuckman). Eine gute Einführung bietet zum Beispiel Stahl, 2002.

Daraus ergibt sich meist auch ein praktisches und analytisches Wesen. Interessen findet dieser Typ in Bereichen, die technisches Können mit Objekten und Fakten verlangen. Daraus leiten sich die konkreten Berufsmöglichkeiten in Wissenschaft, Wirtschaft, Verwaltung, aber auch Produktion oder Bauwesen ab.

SF – Berufliche Interessen:

Typen mit Präferenz auf Sensation/Feeling konzentrieren sich ebenfalls auf Tatsachen, wenden jedoch im Umgang vor allem persönliche Wärme an und stellen die Rücksicht auf andere in den Vordergrund. Sie sind daher meist mitfühlend und freundlich und finden in der praktischen Hilfe für andere auch ihr Interesse. Als konkrete Berufswahl empfiehlt die Theorie demnach Tätigkeiten in Gesundheits- und Lehrwesen, religiösen Einrichtungen und der Wohlfahrt.

NF – Berufliche Interessen:

Präferenzen von Intuition/Feeling konzentrieren sich nicht auf Tatsachen, sondern auf Möglichkeiten und richten demnach auch mehr Augenmerk auf das Potential anderer Menschen. Sie sind daher meist einsichtig und begeistert im Wesen und haben Kompetenzen für das Verständnis und die Ermutigung anderer. Als konkrete Berufstätigkeit werd für diesen Typ demnach Einsatzmöglichkeiten im Bereich der Psychologie, des Personal- und Lehrwesens, aber auch in Kunst und Musik gesehen.

NT – Berufliche Interessen:

Intuition/Feeling-Typen konzentrieren sich ebenfalls auf Möglichkeiten und wenden dementsprechend bevorzugt theoretische Konzepte und Systeme an. Sie sind daher meist logisch und analytisch und interessieren sich für theoretische und technische Strukturen. Konkret zu empfehlende Berufsfelder wären demnach Physik, Forschung, IT, Rechts- und Ingenieurwesen.

Ethische Grundsätze und MBTI Best Practice

Die Anwendung des MBTI unterliegt bestehenden Empfehlungen, die sowohl zur Einhaltung von Qualitätskriterien als auch hinsichtlich ethischer Grundsätze gerichtet sind. Wie bereits erwähnt, sollten sowohl nur zertifizierte Trainer eingesetzt werden[15] als auch auf die Freiwilligkeit der Teilnehmer, eine Regel, die für alle Testverfahren gilt, geachtet werden.

Wie generell im Coaching auch, sollte eine Vertragsvereinbarung zwischen Trainer und Kunde geschlossen werden, die Zeit und Kostenaufwand beinhaltet.

---

15 Die Zertifizierung obliegt in Deutschland AMT bzw. in Großbritannien OPP International. Nur zertifizierte Trainer haben als registrierte Nutzer die Möglichkeit die psychometrischen Originalmaterialien zu verwenden.

Wird der MBTI innerhalb einer Teamentwicklung oder als Gruppenauswertung angewendet, sollte der Trainer sicherstellen, dass die Ergebnisse den jeweiligen Teilnehmern gehören und eine Weitergabe an Dritte bzw. die Veröffentlichung eines Gruppenergebnisses nur mit ausdrücklichem Einsverständnis jedes Beteiligten erfolgen darf.

Die Vertraulichkeit gilt im Sinne des Datenschutzes natürlich auch für die Aufbewahrung der Teilnehmerunterlagen.

Grundsätzlich soll das Instrument dazu verwendet werden, Teilnehmern zu helfen, sich selbst besser kennen zu lernen und keinesfalls dazu, Grenzen zu setzen oder Möglichkeiten einzuschränken. Ein Einsatz des MBTI als Auswahlinstrument verbietet sich demnach.

Für die Anwendung des MBTI ist ausreichend Zeit einzuplanen. Zusätzlich zur benötigten Zeit für die Beschriftung (ca. 20 Minuten) und die Auswertung des Fragebogens (ca. 10 Minuten) ist ein Feedbackgespräch von mindestens einer Stunde pro Teilnehmer einzuplanen. Dieses Gespräch sollte möglichst persönlich erfolgen und nicht nur telefonisch.

Verständnisfragen

- Welche Voraussetzungen sollten bei einem Einsatz eines Persönlichkeitsverfahrens innerhalb eines Unternehmens erfüllt sein?

- Was unterscheidet Type-Modelle von Trait-Modellen?

- Warum eignet sich der MBTI nicht als Personalauswahlinstrument?

- Warum empfiehlt der MBTI eine möglichst heterogene Typ-Zusammensetzung eines Teams?

- Ermitteln Sie die dominante Funktion, die Hilfsfunktion, sowie tertiäre und inferiore Funktion für folgende Typen: ENTJ, INFP, ENFP, ISFJ!

3.3   Outplacement

„Termination should end the job, not the man!"

[Morin (DBM Inc.)]

Outplacement vermittelt Mitarbeiter eines Unternehmens an andere Unternehmen. Dabei kommt Outplacement vor allem in personalpolitischen Krisen zum Einsatz. Grundsätzlich können Krisen eher konjunkturelle oder auch strukturelle Gründe haben. Davon muss auch der Einsatz der passenden personalpolitischen Instrumente abhängig gemacht werden. Während konjunkturelle Krisen eher temporär sind, erfordern strukturelle Krisen oft einen erheblichen Umbau des Unternehmens, da die Probleme eher hausgemacht sind.

Dementsprechend können konjunkturelle Krisen mit personalpolitischen Maßnahmen wie Kündigung von 40h-Verträgen, Teilzeitoffensiven, Sabbaticals oder dem erzwungenen Abbau von Resturlaub beantwortet werden. Auch der Abbau von Gleitzeitguthaben oder ein Placement inhouse können die Zeit überbrücken, bis beispielsweise die Konjunktur wieder anzieht. Grundsätzlich geht ein Unternehmen davon aus, dass konjunkturelle Krisen vor allem externe Gründe haben, die sich wieder legen. Demgemäß will ein Unternehmen beispielsweise in solchen Zeiten, soweit sie überschaubar bleiben, nicht Personal abbauen, das dann teuer wieder eingekauft werden muss nach Beendigung einer konjunkturellen Krise.

Anders strukturelle Krisen. Hier reicht das personalpolitische Repertoire vom Nichtersatz von Fluktuationen, Altersteilzeitmodellen, vorzeitiger Beendigung über Outsourcing bis hin zu Standortschließungen und betriebsbedingten Kündigungen. Grundüberlegung hierbei ist, dass die Zukunft veränderte strukturelle Anforderungen an das Unternehmen stellt und beispielsweise bestimmte Skills oder Funktionen nicht mehr oder in anderer Weise oder Anzahl benötigt werden.

Wer einmal die Image schädigende Wirkung demonstrierender, weil unfreiwillig ausscheidender Mitarbeiter in den Medien gesehen hat, der kann sich vorstellen, dass es nicht nur im Sinne der Mitarbeiter, sondern auch gerade im Sinne eines Unternehmens liegen muss, Personalabbau sozial verträglich zu gestalten. Outplacement ist hierfür das Instrument der Wahl. Auch wenn die Kosten für Outplacement 15 oder 20 % des Jahreseinkommens eines vermittelten Mitarbeiters betragen, so sind diese Kosten nichts gegen die Kosten, die durch Imageverlust, Arbeitsgerichtskosten oder auch unproduktiv am Arbeitsplatz verbleibende Mitarbeiter entstehen. Outplacement muss dabei deutlich von Coaching oder Therapiemaßnahmen unterschieden werden. Coaching ist zum einen nur eine Phase innerhalb des Outplacements. Während im klassischen Coaching das Ziel vom Coachee benannt wird und der Coach nur Hilfe zur Selbsthilfe gibt, hat der Outplacementberater selbst ein festes Ziel vor Augen: Die möglichst zügige Platzierung eines Klienten. Dabei zeigt sich, dass neuer Verantwortungsbereich und Vergütung meist nicht wesentlich unter den Konditionen des alten Unternehmens liegen. Manche verbessern sich sogar. Dies darf jedoch nicht darüber hinwegtäuschen, dass Outplacement für die zu beratenden Mitarbeiter eine sehr emotional schwierige Situation darstellt. Drohender Arbeitsplatzverlust, bestehende familiäre und finanzielle Verpflichtungen, sowie meist ein fortgeschrittenes Berufsalter schaffen für die Klienten ein sehr hohes Belastungspotenzial. Dennoch darf Outplacement auch nicht als Therapie verstanden werden, der Outplacementberater hat das Ziel, seine Klienten in neun bis zwölf Monaten mit einer Vermittlungsquote von 80 % und mehr in eine neue Beschäftigung zu bringen. Es ist weder Aufgabe des Beraters, noch ist der zeitliche Rahmen vorhanden, auch private Probleme zu behandeln. Nichtsdestotrotz lässt sich eine Vermischung von privaten und beruflichen Dingen während einer Outplacementberatung sowieso nicht trennscharf ziehen.

Oft sehen sich Mitarbeiter, die im Rahmen von Outplacement beraten werden, damit konfrontiert, nach unter Umständen jahrzehntelanger Pause sich erneut bewerben zu müssen und die Spielregeln für erfolgreiches Marketing müssen (neu) erlernt werden, was zum Teil auch psychologische und kulturelle Erschwernisse bringt. Anders als am amerikanischen Bewerbermarkt, wo man mit dem Verständnis von „Selbstmarketing", bzw. sich selbst als „Produkt" zu sehen, um sich möglichst erfolgreich „verkaufen" zu können, weniger Probleme hat, sehen viele Deutsche diese Art von Selbstanpreisung eher kritisch. Dabei kann die Analogie zum Marketing auf komische Art auch gut verdeutlichen, mit welchen Erschwernissen im Outplacement zu rechnen ist. Überlegen Sie doch einmal, wie Sie ein Produkt vermarkten würden, das folgende Eigenschaften hat:

> ➢ **Das Produkt ist sehr teuer**
> ➢ **Das Produkt ist ein Auslaufmodell**
> ➢ **Sie haben nur eine begrenzte Zeit, das Produkt zu verkaufen**
> ➢ **Das Produkt verändert sich im Marketingprozess**
> ➢ **Sie möchten das Produkt verschönern, aber das Produkt möchte das nicht**
> ➢ **Das Produkt möchte überhaupt nicht gekauft werden**
> ➢ **Das Produkt muss selbst aktiv werden**
> ➢ **Der Markt ist gesättigt**
> ➢ **Die Konkurrenzprodukte haben die o.g. Nachteile nicht**

Abbildung 3-5: „Ego-Branding" im Outplacement

Insbesondere wenn Outplacementkandidaten Vorbehalte haben, sich selbst auf dem Markt erfolgreich zu behaupten, kann die Coachingphase am Anfang des Outplacements durchaus den größten und schwierigsten Teil aller Outplacementphasen darstellen. Grob eingeteilt kann man sagen, dass Outplacement im Kern aus effizientem Bewerbungstraining sowie aktiver Bewerbungsphase besteht, flankiert von Coaching davor und Coaching danach. Die wesentlichen Beratungsphasen lassen sich demnach in vier Hauptteile gliedern, 1) Standortbestimmung, 2) Eigenmarketing, 3) Praktische Umsetzung und 4) Ziel:

Standortbestimmung
- Stärken-Schwächen-Analyse
- Skillsanalyse
- Auswertung und individuelles Feedback
- Ableitung der beruflichen Zielsetzung

Eigenmarketing
- Erstellung professioneller Bewerbungsunterlagen
- Entwurf einer Zielfirmenliste
- Persönlicher Marketingplan

Praktische Umsetzung
- Job Interview im Rollenspiel
- Bewerbungstraining
- Beginn der Umsetzung im Markt:
- Kontaktnetzarbeit

Ziel
- Neuer Arbeitsvertrag
  - Innerhalb des Unternehmens
  - Auf dem externen Markt

Abbildung 3-6: *Outplacement-Phasen*

Wie jeder Headhunter weiß, sind die Bewerbungsstrategien am erfolgreichsten, die nicht jeder anwendet. So gehen nur wenige Bewerber über den verdeckten Arbeitsmarkt und bringen sich in die Diskussion, lange bevor eine Ausschreibung erfolgt. Das eigene Kontaktnetz hat sich dabei als effektivster Weg der Jobbesetzung erwiesen und wesentlicher Bestandteil jedes Outplacement ist die Erstellung einer Zielfirmenliste sowie die Auflistung und Kontaktierung aller Bekannten, die entweder selbst von Vakanzen wissen oder wiederum jemand kennen, der für den eigenen Berufsweg relevant ist oder werden könnte. Klar ist auch, dass aktives Vorgehen im verdeckten Arbeitsmarkt, mit aktiver Ansprache der Entscheider am meisten Arbeitsintensität kostet. Die Effektivität steigt aber gegenüber wahllos versandten Bewerbungen, welche unter Umständen mit Hunderten anderen konkurrieren müssen, um ein Vielfaches.

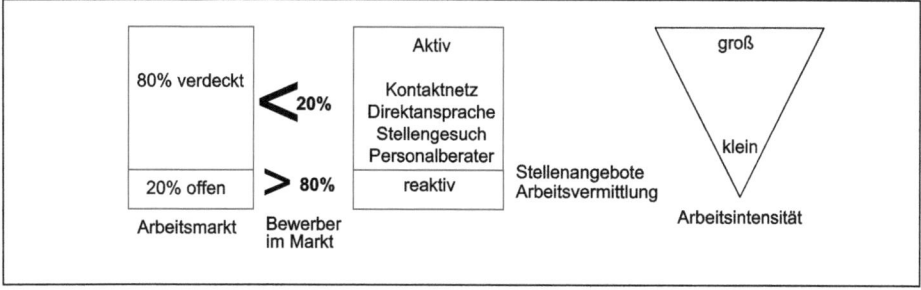

Abbildung 3-7: *Bewerbungsmethoden, Erfolg und Aufwand*

Outplacement erlebt gerade wieder in der gegenwärtigen Finanzkrise einen Aufwind. Unabhängig von temporären konjunkturellen Schwankungen wird Outplacement in der Zukunft wohl tendenziell an Bedeutung gewinnen. In einer immer sich schneller drehenden Welt, wo ständige Lern- und Veränderungsfähigkeit von den Mitarbeitern erfordert wird, wird zugleich die Sicherheit, bei einem oder sogar nur zwei Arbeitgebern sein Leben lang beschäftigt zu sein, zunehmend unwahrscheinlicher.

In Zukunft wird es also vorrangig für Arbeitnehmer nicht mehr nur darum gehen, Employment zu haben, sondern sich selbst Employability zu erhalten. Lebenslanges Lernen, ständige Weiterbildung on- und off-the-job auf Mitarbeiterseite, sowie eine funktionierende Personalentwicklung auf Unternehmensseite können dazu beitragen, dass es zum Outplacement gar nicht erst kommen muss.

Verständnisfragen

- Herr Neubeginn ist 44 Jahre alt arbeitet seit 15 Jahren als IT-Consultant in einem großen Konzern, Jahresgrundgehalt 90 T€. Seine Führungskraft stellt ihn vor die Entscheidung, aus betriebsbedingten Gründen entweder einen Aufhebungsvertrag zu schließen mit einer einmaligen Abfindungszahlung in der Höhe eines Jahresgehaltes; oder Herr Neubeginn kann sich für eine Outplacementberatung entscheiden, dabei werden 85 % seines früheren Gehalts weitergezahlt für 24 Monate. In dieser Zeit ist er voll freigestellt von seiner Arbeit. Wägen Sie die beiden Optionen sorgfältig gegeneinander ab. Was würden Sie Herrn Neubeginn raten?

4. Headhunter Management

Abbildung 4-1: *„Headhunting"*

Headhunting, auch Personalberatung genannt, meint die Suche und Auswahl von Mitarbeitern, insbesondere Führungskräften. Während Headhunter Management in den USA bereits seit den 1950er Jahren bekannt ist, wurde das Aufkommen dieser Dienstleistung in Deutschland verzögert, was auch in dem staatlichen Arbeitsvermittlungsmonopol der Bundesanstalt für Arbeit, 1952 in Kraft getreten, lag.

Erst ab den 1970er Jahren bekamen die Personalberatungen in Deutschland Aufschwung, wobei man nicht außer Acht lassen darf, dass die Personalberatung als unerlaubte Arbeitsvermittlung noch bis zum Jahre 1970 in Deutschland verboten war.

In den 1980er Jahren boomte die Branche bereits, was allerdings auch dazu führte, dass unseriöse Anbieter, die nur am schnellen finanziellen Erfolg interessiert waren, auf den Markt drängten und so auch die etablierten Beratungen mit in Verruf brachten.

Die 1990er Jahre standen für die Personalberatungen in Deutschland unter dem Zeichen der Legitimation, da die international bereits übliche Direktansprache nun auch in Deutschland offiziell zugelassen wurde.[1]

Wenn Headhunting in Deutschland auch heute noch nicht so große Verbreitung hat, wie bereits seit Jahrzehnten in den USA oder in Großbritannien, so stellt es doch einen effizienten und wesentlichen Recruitingkanal dar. Dabei ist zu prüfen, welche Leistungen eigentlich erbracht werden.

---

[1] Einen guten Einblick in die Entstehung und die Arbeitsweise von Personalberatungen findet sich bei Sattelberger, 1999.

Neben Zeitarbeitsfirmen, die im Rahmen der Arbeitnehmerüberlassung tätig sind, oder Personalvermittlern, die bei Bedarf Qualifikationsprofile liefern, übernimmt der klassische Headhunter alle Funktionen in der Personalbeschaffung, wie sie sonst von einem internen Recruiting wahrgenommen werden.

Dazu können die Erstellung eines Anforderungsprofils, die Formulierung und Platzierung von Inseraten, die Datenbankrecherche bis hin zur Direktansprache von Kandidaten („direct search") und die Durchführung des Auswahlprozesses gehören.

Größere Unternehmen bzw. solche, deren Namen sehr attraktiv für Bewerber sind, werden unter eigenem Namen inserieren, während unbekanntere Unternehmen meist die beauftragte Personaldienstleistung namentlich in Erscheinung treten lassen werden. Der Bewerber bekommt so erst bei einer Einladung zum Headhunter das beauftragende Unternehmen genannt.

Während Headhunter früher bevorzugt im reinen Führungskräftesegment, dem sogenannten „executive search" tätig waren, haben viele heute ihr Spektrum auch auf Expertenfunktionen erweitert. Insbesondere beim „direct search", also dem direktem Abwerben von einem Wettbewerber, ist die Zielgruppe entweder das Top-Management, oder auch Spezialisten, die besondere Berufserfahrung auf ihrem Gebiet vorzuweisen haben.

Das unterscheidet das Headhunting von anderen Recruitingkanälen wie Internetrecherche, anzeigengestützte Suche, Internetjobbörsen etc., die bevorzugt für Positionen eingesetzt werden, in denen es eine Vielzahl von Bewerbern gibt, z. B. Hochschulabsolventen.

Die Direktansprache einer Person am Arbeitsplatz ist aufgrund rechtlicher Bestimmungen dabei nicht unproblematisch, das beauftragende Unternehmen sollte deshalb in seiner Rahmenvereinbarung mit dem Personaldienstleister die Einhaltung relevanter Bestimmungen fordern.[2]

Andernfalls besteht unter Umständen die Gefahr, dass bei Verstoß gegen rechtliche Bestimmungen nicht nur das Personaldienstleistungsunternehmen, sondern auch die beauftragende Firma verklagt wird.[3]

4.1   Headhunter Management als HR-Prozess

So vielfältig die verschiedenen Schritte im Personalbeschaffungs- und Auswahlprozess sind, so unterschiedlich sind auch die Leistungen, die von Headhuntern angeboten werden bzw. von einem Unternehmen gefordert werden. Dies kann sich sogar bis zur Personalfreisetzung

---

[2]   Laut Urteil (Az.:I ZR 221/01) des für Wettbewerbsrecht zuständigen ersten Zivilsenats des Bundesgerichtshof ist der Erstkontakt zu fremden Mitarbeitern per telefonischer Ansprache unter Berücksichtung von bestimmten Kriterien erlaubt.

[3]   Die Forderung nach Einhaltung geltender Bestimmungen sollte möglichst umfassend sein. Auch etwa die Einhaltung des AGG sollte darin enthalten sein.

ausdehnen, die viele Personaldienstleister ebenso anbieten. Das liegt an der Ähnlichkeit der Tätigkeitsinhalte, wie bereits erläutert, hat das Portfolio der internen Abteilungen von Recruiting, Placement und Outplacement auch erhebliche Schnittmengen.

Es macht demnach sicherlich Sinn, Headhunter Management innerhalb eines Unternehmens in der Personalabteilung (Human Resources) anzusiedeln, genauer im Recruiting. Alternativ bietet sich eine Steuerung über die Einkaufsabteilung eines Unternehmens an.

Diese sollte sicherlich insbesondere in der Erstellung und Verhandlung von Rahmenverträgen involviert sein. Für Headhunter Management ist sie aber von den ablaufenden Prozessen zu weit entfernt. Es empfiehlt sich demnach ein enger Schulterschluss zwischen Recruiting und Einkauf hinsichtlich des Headhunter Managements.

Eine weitere strategische Überlegung für die effiziente Steuerung von Headhunterleistungen bezieht sich auf die Frage, von welcher Kostenstelle aus die Headhunterleistungen bezahlt werden. Lässt man die Kosten als jeweilige Belastung des beauftragenden Fachbereiches eines Unternehmens bezahlen, läuft das Unternehmen Gefahr, sowohl in finanzieller als auch qualitativer Sicht benachteiligt zu werden.

Zum einen lassen sich mit einer zentralen Steuerung aller Aufträge im Verhältnis zur Unternehmensgröße unter Umständen erhebliche Rabatte über die erzielten Auftragsmengen erzielen.[4] Zum anderen ist eine qualitative Steuerung von Seiten HR nur möglich, wenn diese auch zugelassen wird.

Nicht selten wird ein zahlender Fachbereich es sich nicht nehmen lassen, wenn er sowieso schon die finanzielle Belastung trägt, sich auch inhaltlich nicht beeinflussen zu lassen. Aus diesem Grund hat es sich als praktisch erwiesen, nicht nur den Prozess der inhaltlichen und qualitativen Steuerung an das Personalwesen zu geben bzw. dort zu lassen, sondern auch das notwendige Budget von dort aus zu steuern.

Mit dieser Strategie bleibt Recruiting im gesamten Prozess der Auswahl und Beschaffung verantwortlich, auch wenn bestimmte Dienstleistungen an externe Firmen weitergegeben werden. Sinnvollerweise sind demnach alle Prozessbestandteile des Headhunter Managements innerhalb von Human Resources, empfohlenermaßen speziell im Recruiting gebündelt.

Dies umfasst die Entscheidung über Headhunting als sinnvollem Recruitingkanal, die Verwaltung des Budgets, die Auswahl geeigneter Dienstleister, die Steuerung während des Auftrages sowie schließlich die Evaluation am Ende des Projektes, die wieder bei neuen Aufträgen in die Empfehlung mit einfließt. Im Umkehrschluss heißt dies auch: keine Beauftragung ohne Human Resources, ebenso wie unter Umständen Abbruch eines Auftrages.

---

[4] Wie bei allen Verhandlungen zu Vertragsleistungen lohnt es sich hier für das beauftragende Untenehmen feinfühlig vorzugehen. Zum einen sollten sicherlich Leistungen und Honorarforderungen eines Dienstleisters geprüft werden. Andererseits sollte man es als Unternehmen aber auch vermeiden, die Konditionen zu weit zu drücken, da ein Dienstleister sonst auch sein Engagement vermindern wird. Für exzellente Leistungen sollte ein Unternehmen auch gewillt sein, zu zahlen. Ein gutes Maß für diese Verhandlungsführung gibt zum Beispiel Fischer/Ury/Patton, 2003.

Diese Verlagerung der Verantwortung auf das Recruiting bedeutet sowohl für den besetzenden Fachbereich eines Unternehmens als auch für den beauftragten Personalberater einen Mehrwert. Die Fachabteilung hat einen steuernden und inhaltlichen Partner, der die Profile vorselektiert, und bei der Präsentation der Kandidaten mit anwesend ist.

Die Personalberatungsfirma hat ebenfalls einen kompetenten internen Ansprechpartner, der bei schwer zu besetzenden Aufträgen auch einen Vertrauensbonus aus der Vergangenheit gibt.

Außerdem bietet ein kompetenter Ansprechpartner im beauftragten Unternehmen auch den Schutz vor überzogenen oder unfairen Ansprüchen, wenn sich zum Beispiel während der Suche das Kandidatenprofil ändert.

Aus den aufgeführten Gründen sollte ein Unternehmen Headhunter Management nicht den Fachbereichen überlassen, sondern dies unbedingt innerhalb des Recruiting ansiedeln und dabei am Besten auch alle Prozesse und Verantwortlichkeiten dort bündeln.

4.2   Bedarfsermittlung

Wir wollen uns im Folgenden nicht damit beschäftigen, wie ein Headhunter intern arbeitet, sondern das Ganze aus Sicht des beauftragenden Unternehmens betrachten. Demnach steht zunächst der Bedarf der Besetzung als Ausgangspunkt. Die Personalabteilung eines Unternehmens, meist in der Rolle des Personalreferenten, wird mit dem Fachbereich aus der jeweiligen Geschäftsstrategie die Personalstrategie ableiten, und daraus ergibt sich der konkrete Personalbedarf.

Dieser Personalbedarf sollte dann möglichst konkretisiert werden, bis auf die Form eines Anforderungsprofils. Wenn dieses Profil feststeht, stellt sich die Frage, woher diese Qualifikation zu bekommen ist. Möglicherweise wird man aus dem internen Personalentwicklungsprozess eigene (Förder-) Kandidaten kennen, die in Frage kommen oder man vermutet aufgrund der geforderten Qualifikationen Ressourcen im eigenen Unternehmen.

In so einem Falle wird man die Vakanz eventuell nur unternehmensintern kommunizieren, also etwa über Aushänge und die interne Jobbörse im Intranet. Meist sehen die Betriebsvereinbarungen in Unternehmen vor, dass offene Stellen über einen bestimmten Mindestzeitraum veröffentlicht werden müssen.

Melden sich nun nicht genügend potentielle Kandidaten, so ist der zweite Schritt, die Vakanz auch auf dem unternehmensexternen Markt zu veröffentlichen, in Print-Anzeigen als auch in Internetjobbörsen. Große Unternehmen haben meist Dauerverträge mit mehreren Internetbörsen zugleich geschlossen.

Zusätzlich kann das Recruiting eines Unternehmens aktiv Profilrecherche nach passenden Kandidatenprofilen in vorhandenen Datenpools[5] oder auch im Internet beitreiben. Sollte sich herausstellen, dass alle diese Bemühungen nutzlos bleiben, weil sich nicht die geeigneten Kandidaten beworben haben, dann und erst dann ist eine Beauftragung eines Headhunters geboten.

Auch wenn sich aufgrund der Spezifität eines gesuchten Profils bereits abzeichnet, dass eine interne Suche sinnlos ist, so sollte diese trotzdem immer der Beauftragung eines externen Personaldienstleisters vorgeschaltet sein, möglicherweise zeitlich komprimierter. Damit ist sichergestellt, dass mit dem Budget für die Beauftragung verantwortungsvoll umgegangen wird.

Auch hier zahlt sich die Steuerung über Human Resources aus. Insbesondere im Fall von Spezialistenprofilen, die nur selten am Markt zu finden sind, ist es sinnvoll, dass die Fachabteilung des beauftragenden Unternehmens eine Zielfirmenliste erstellt, wo diese Qualifikationen vermutet werden, schließlich kennt das Business eines Unternehmens seine Mitbewerber am Besten.

Bevor nun ein Headhunter mit der Suche betraut wird, sollte man sich als Unternehmen gut überlegen, anhand welcher Kriterien man den für sich passenden Dienstleister auswählt.

4.3   Auswahl des richtigen Headhunters

Sollte ein Unternehmen vermehrt über externe Personaldienstleistungen Personal besetzen, so lohnt es sich unter Umständen Rahmenverträge mit einigen ausgewählten Anbietern abzuschließen. Die Anbieter profitieren von einer größeren Menge von Aufträgen und das Unternehmen profitiert von finanziellen Nachlässen.

Auch sollte die dabei wesentliche Vertrauensbasis zwischen Auftraggeber und Auftragnehmer nicht unterschätzt werden, die insbesondere in der Personaldienstleistung eine große Rolle spielt. Das bezieht sich sowohl auf das Engagement der beauftragten Firma als auch auf die Lauterkeit im Umgang miteinander.

Schließlich ist Personalauswahl immer auch mit erheblichen Variablen, Unklarheiten und Hypothesen und damit Risiken verbunden und lässt sich schwieriger messen, als dies im Produktbereich möglich ist.

Eine Differenzierung von Anbietern für einen Headhunterpool sollte ein Unternehmen nach Markt und Branche sowie nach unterschiedlichen Qualifikationslevels vornehmen. Je nach Masse und Vielfalt des Bedarfs kann hier noch nach Portfolio der Dienstleister unterschieden

---

5   Hier zahlt sich ein gut gepflegter Datenpool aus Aktivbewerbungen, so genannten ungerichteten Bewerbungen ebenso wie ein gut gepflegter Pool aus Placementkandidaten aus.

werden, also zum Beispiel Zeitarbeitsfirmen, Personalvermittlung, Outplacement, Interims-management etc. Im Folgenden soll sich nur auf das klassische Headhunting mit dem Schwerpunkt „direct search" bezogen werden.

Nachdem ein Unternehmen die eigenen Schwerpunktbedarfe festgelegt hat, sollten spezielle Kriterien erstellt werden, nach denen Headhunter ausgewählt werden. Diese Auswahl kann zunächst durchaus anhand von hard facts, beispielsweise über Broschüren der Dienstleister, Internetauftritte etc. erfolgen.

Letztendlich entscheidend wird aber immer der persönliche Kontakt sein. Das liegt zum einen daran, weil sich nur damit feststellen lässt, ob das externe Dienstleistungsunternehmen hin-sichtlich Auftreten, Kommunikationsformen, Kleidung etc. zum beauftragenden Unterneh-men passt.

Schließlich stellt der Headhunter den ersten Kontakt mit potentiellen Kandidaten her und vertritt damit das beauftragende Unternehmen als auch das Unternehmensimage. Zum ande-ren lebt das Personaldienstleistungsgeschäft wie Personalmanagement überhaupt von den Kommunikationsfähigkeiten, welche die Protagonisten mitbringen.

Demnach ist es für das beauftragende Unternehmen wichtig, nicht nur etwaige Geschäftsfüh-rer des Dienstleisters kennen zu lernen, sondern auch die Personalberater, die den jeweiligen Auftrag durchführen. Wenn ein potentieller Dienstleister in das Unternehmen für ein erstes Briefinggespräch eingeladen wird, so sollte das Unternehmen dafür gut vorbereitet sein.

4.4   Headhunter Briefing

Beim Headhuntergespräch gelten ähnliche Grundregeln wie für das Bewerbungsgespräch. Am Besten stellen die Unternehmensvertreter offene Fragen und halten den eigenen Ge-sprächsanteil gering, um möglichst viel über den Dienstleister zu erfahren. Anders läuft man Gefahr, dass der Gesprächspartner die gewünschten Antworten heraushört. Auch bietet sich ein strukturierter Gesprächsleitfaden an, zum einen, um im Sinne einer Checkliste sicherzu-gehen, keine relevanten Fragen vergessen zu haben, zum anderen, um später die Dienstleister im direkten Vergleich bewerten zu können.[6]

Der Gesprächsleitfaden sollte so aufgebaut sein, wie später auch die Daten verglichen und gespeichert werden. Sollte eine elektronische Datenbank als qualitatives Bewertungsinstru-ment genutzt werden, muss der Leitfaden dementsprechend die Struktur der Datenbank ab-bilden.[7]

---

6   Ein Vorschlag für einen ausführlichen Gesprächsleitfaden findet sich in Anhang 6
7   Zur Idee eines qualitativen Bewertungstools siehe Kapitel 4.5

Grundsätzlich ist zu empfehlen, die Personalberatung so wenig wie möglich im Vorfeld über aktuelle Profilbedarfe zu informieren. Das mag für den Dienstleister eine schwierigere Ausgangsposition sein, gibt dem Unternehmen aber die Möglichkeit, die Schwerpunkte des Portfolios kennenzulernen, ohne dass sich die Beratung auf den Kunden einstellt.

Auch Profile sollten demnach im Vorfeld nicht versandt werden. Dadurch ist auch zu sehen, wie sehr sich ein Personaldienstleister bereits mit dem potentiellen zukünftigen Kunden befasst hat, ob er also beispielsweise die Unternehmensphilosophie sowie derzeit vakante Jobs im Internet recherchiert hat.

Zu Beginn des Gesprächs wird der Dienstleister die Möglichkeit haben, seine Firma und das Portfolio kurz zu präsentieren. Dies sollte grundsätzlich Auskunft über Größe und Struktur der Personalberatung geben. Bei großen Unternehmen wird bei der Besetzung von vielen Profilen auch die Frage entscheidend sein, ob ein externer Dienstleister neben anderen bereits bestehenden Aufträgen den neuen Auftrag etwa auch im Falle von Urlaubs- oder Krankheitsvertretung etc. stemmen kann.

Dabei wird neben der Personalstruktur des Dienstleisters, die im Normalfall aus Ident, Research und Beratung[8] besteht, auch wesentlich sein, wie die Qualifikation der jeweiligen internen Personen ist, ob diese überhaupt innerhalb des Dienstleisters arbeiten oder selbst nur freie Mitarbeiter sind etc. Eine wesentliche Frage an das Beratungsunternehmen wird sein, wie diese das beauftragende Unternehmen einem potentiellen Bewerber präsentieren würde. Der Personaldienstleister sollte auch immer gefragt werden, welches Alleinstellungsmerkmal am Markt ihn gegenüber anderen Beratungen auszeichnet. Nicht selten wissen Beratungsfirmen darauf nur zögerlich Antwort, was ein schlechtes Zeugnis für die Firma bzw. den Personalberater darstellt. Auch die Aufbereitung der Bewerbungsunterlagen sowie laufende Statusberichte sollten hier besprochen werden.

Wesentlich wird auch die Frage sein, was der Dienstleister unternimmt, wenn die gelieferten Profile vom Unternehmen als nicht passend gesehen werden. Zuletzt sollten die Konditionen besprochen werden. In großen Unternehmen wird es sich, wie bereits erwähnt, lohnen Rahmenverträge mit einem ausgesuchten Kreis von Anbietern abzuschließen. Die Vorteile sind Rabatte für das Unternehmen, bessere Qualität des Dienstleisters sowie mehr Engagement. Außerdem muss das Unternehmen nicht bei jedem Anbieter neue Konditionen vereinbaren bzw. auf die des jeweiligen Dienstleisters eingehen, sondern es gibt bestimmte Rahmenbedingungen vor, die durch einzelvertragliche Regelungen nur ergänzt werden.

Eine gute Vertragsregelung für Konditionen stellt eine gestaffelte Honorarregelung nach Erfolg bzw. nach Erfüllung von Teilleistungen dar. Einige Personaldienstleister haben ein Fixhonorar, das erst bei der Besetzung selbst fällig wird. Andere vereinbaren Honorare, die beispielsweise nach Auftragserteilung, Präsentation von Kandidaten sowie Vertragsunterzeichnung fällig werden.

---

8 Je größer eine Personalberatung ist, umso mehr wird diese arbeitsteilig aufgestellt sein. Während im sogenannten „Ident" und „Research" Zielfirmen hinsichtlich ihrer Struktur und potentieller Kandidaten erfasst werden und auch die Erstansprache erfolgt, führt der Personalberater die Gespräche und begleitet potentielle Kandidaten auch zum beauftragenden Unternehmen.

Diese Konditionen sollte das beauftragende Unternehmen immer so genau wie möglich vertraglich präzisieren, um später bei ausbleibendem Erfolg Streitigkeiten zu vermeiden. So macht es Sinn, die zu präsentierenden Kandidaten vorher hinsichtlich der Eignung vom Unternehmen bestätigen zu lassen.

Eine Mindestanzahl solcher geeigneter Kandidaten sollte vertraglich festgeschrieben sein. Sollte es bereits während der Probezeit eines vermittelten Kandidaten zu einer Trennung kommen, so sollte die Nachbesetzung vereinbart werden usw. Auch die Schließung eines so genannten „Nichtangriffspaktes" sollte schriftlich erfolgen, also das Verbot der Abwerbung eigener Mitarbeiter für einen gewissen Zeitraum. Dies ist wichtig, weil der Dienstleister während des laufenden Auftrages detaillierte Informationen und Zugang zu den Mitarbeitern des beauftragenden Unternehmens bekommt.

4.5   Headhunter Controlling

Ein weiterer Vorteil, der für die Steuerung des Headhunter Managements innerhalb des Personalwesens eines Unternehmens spricht, ist neben dem erwähnten finanziellen der qualitative Aspekt. Je mehr Erfahrung ein Unternehmen mit einem Dienstleister sammelt, umso weniger muss es sich auf externe Referenzen verlassen, sondern sollte ein eigenes Controllinginstrument etablieren. Damit werden die durchgeführten Projekte der Dienstleister gesammelt und bewertet. Diese Bewertungen fließen dann in die zukünftige Auswahl und Empfehlung ein. Hierbei empfiehlt sich ein elektronisches Controllinginstrument, da die Bewertungen für einzelne Kriterien automatisch ausgewertet werden können und in Gesamtbewertungen einfließen. Außerdem ergibt sich so für große Konzerne die Möglichkeit, eine unternehmensübergreifende Plattform zu schaffen, die für die jeweilige Personalorganisation einsehbar und nutzbar ist. Es ist darauf zu achten, dass die Kriterien für die Bewertung möglichst präzise aus Fakten abgeleitet werden. Je mehr Personen eine Bewertung durchführen, umso mehr muss darauf geachtet werden, dass es hierfür einen gemeinsamen Kalibrierungsmaßstab gibt. Die Struktur der elektronischen Datenbank sollte sich an der des verwendeten Briefingleitfadens orientieren.[9] Der Ablauf bzw. die Schnittstellen für ein Headhuntermanagement durch die Personalabteilung lassen sich im Überblick folgendermaßen darstellen:

---

[9]   Siehe Anhang 6

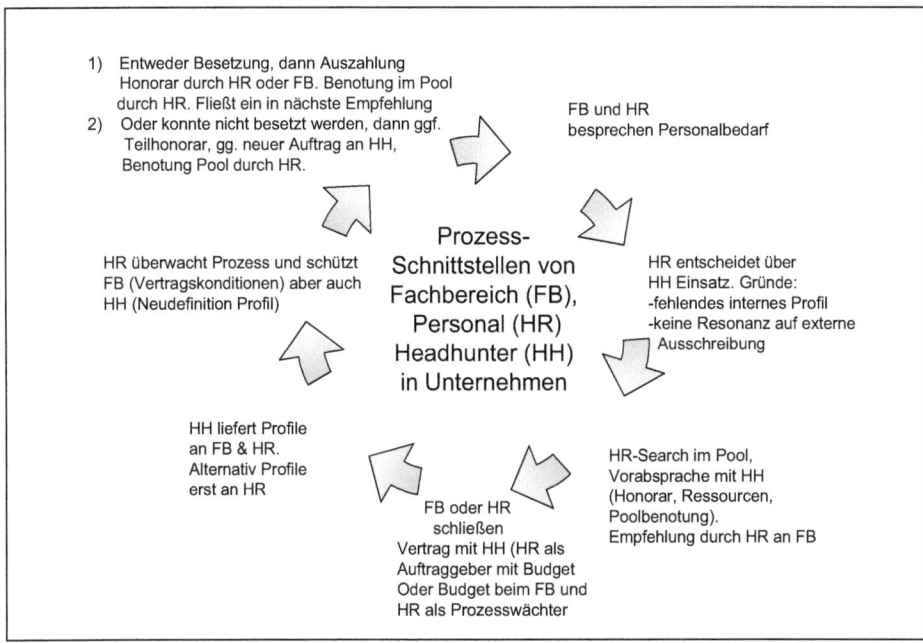

1) Entweder Besetzung, dann Auszahlung Honorar durch HR oder FB. Benotung im Pool durch HR. Fließt ein in nächste Empfehlung
2) Oder konnte nicht besetzt werden, dann ggf. Teilhonorar, gg. neuer Auftrag an HH, Benotung Pool durch HR.

FB und HR besprechen Personalbedarf

HR überwacht Prozess und schützt FB (Vertragskonditionen) aber auch HH (Neudefinition Profil)

Prozess-Schnittstellen von Fachbereich (FB), Personal (HR) Headhunter (HH) in Unternehmen

HR entscheidet über HH Einsatz. Gründe:
-fehlendes internes Profil
-keine Resonanz auf externe Ausschreibung

HH liefert Profile an FB & HR. Alternativ Profile erst an HR

FB oder HR schließen Vertrag mit HH (HR als Auftraggeber mit Budget Oder Budget beim FB und HR als Prozesswächter

HR-Search im Pool, Vorabsprache mit HH (Honorar, Ressourcen, Poolbenotung). Empfehlung durch HR an FB

Abbildung 4-2: *Schnittstellenablauf Personalabteilung & Headhunter*

Verständnisfragen

■ Wann ist der Einsatz eines Headhunters für die Personalbeschaffung sinnvoll?

■ Welche Vorteile bieten sich, wenn Headhunter Management inhouse, im Recruiting eines Unternehmens, angesiedelt ist?

■ Was ist ein „direct search"?

■ Welche Dienstleistungen werden vor allem große, bekannte Unternehmen mit starkem „employer branding" von Headhuntern in Anspruch nehmen? Welche nicht? Warum?

■ Wie kann eine gestaffelte Honorarregelung zwischen Unternehmen und Headhunter aussehen?

■ Skizzieren Sie 1) eine einseitig vorteilhafte Vertragsvereinbarungen für Unternehmen, 2) einseitig günstige Vertragsvereinbarungen für Headhunter und 3) eine pragmatische, marktübliche „win-win"-Vertragsregelung!

5.   Einführung in die psychologische Eignungsdiagnostik

Was ist Eignungsdiagnostik überhaupt? Psychologische Eignungsdiagnostik besteht in dem Bemühen, Zusammenhänge zwischen menschlichen Merkmalen und beruflichem Erfolg zu entdecken bzw. Methoden zu entwickeln, um beides zu messen und in Beziehung zu setzen. Voraussetzung qualifizierter Eignungsdiagnostik ist nicht nur die Verfügbarkeit brauchbarer Verfahren, sondern auch die Kompetenz zu deren Anwendung.[1] Grundlage der Eignungsdiagnostik ist die traditionelle Klassifikation psychologischer Merkmale in Kenntnisse, Fähigkeiten und Fertigkeiten, ergänzt durch Eigenschaften.

5.1   Geschichte

In China finden sich bereits vor drei tausend Jahren erste Auswahlverfahren für öffentliche Bedienstete mit Hilfe einer Testbatterie für die Eignung von Verwaltungsaufgaben im Staatsdienst.[2] Bereits bei Aristoteles galten die äußeren Zeichen bzw. das Erscheinungsbild eines Menschen als seine charakteristischen Persönlichkeitsmerk-male[3], was sich später in der phrenologischen Lehre bei J.C. Lavater oder F.J. Gall wieder findet, indem charakteristische physiognomische Merkmale identifiziert und als valide eignungsdiagnostische Indikatoren definiert werden.

Dieser Einfluss reicht heute noch bis in die Graphologie hinein. Persönlichkeitstests speziell wurden bereits seit den 1920er Jahren in den USA zur Auswahl von Verkäufern eingesetzt.[4] Vorläufer des Assessment Centers finden sich erstmals ab Ende der 1920er Jahre in der Offiziersauswahl der deutschen Reichswehr, gefolgt von Verfahren in Großbritannien zur Auswahl von Offiziersanwärtern und den USA zur Auswahl bzw. dem Training von Agenten.[5] Wesentlich für die Verbreitung des Assessment Center als Methode im zivilen Bereich scheint die von der American Telephone und Telegraph Company (AT&T) durchgeführte Management Progress Study zur Führungskräftenachwuchsentwicklung im Jahre 1965 zu sein. Das dort angewandte Repertoire an Übungen zählt auch heute noch zum Standard eines Assessment-Portfolios. Jüngster Trend bei den Auswahlverfahren sind computergestützte Verfahren, die nicht nur zur Konstruktion und Eingabe, sondern auch zur Auswertung genutzt werden.

---

1   Vgl. Schuler, 2000
2   DuBois, 1970
3   Welsch, 1982
4   Anastasi, 1985
5   Schuler/Moser, 1995

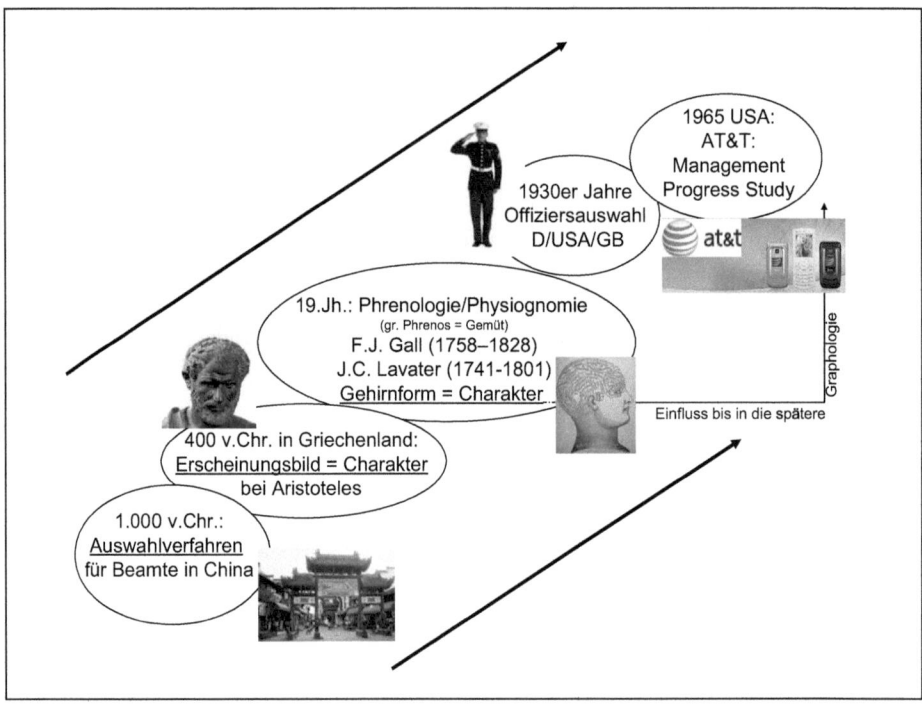

Abbildung 5-1: *Kleine Geschichte der Eignungsdiagnostik*

In der praktischen Anwendung bleiben die eingesetzten Verfahren leider auch heute noch hinter den methodischen Möglichkeiten zurück, was durch den Rückzug wissenschaftlich arbeitender (Betriebs-) Psychologen aus der Eignungsdiagnostik in den Unternehmen zusätzlich gefördert wird. Dieser Trend hat sich in den letzten ökonomisch schwierigen Jahren noch verstärkt, was dazu geführt hat, dass aufgrund von Personalabbau häufig Betriebswirte die Rolle des Eignungsdiagnostikers übernommen haben. Wünschenswert wären hier sicherlich interdisziplinäre Arbeitsgruppen, so dass Verfahren effizienter gemacht werden, ohne dass dies auf Kosten der Qualität und damit der Beurteilten geht.

5.2   Gütekriterien

Gäbe es nicht die Gütekriterien, wie Objektivität (Unabhängigkeit der Messwerte vom Auswählenden), Reliabilität (Zuverlässigkeit und Wiederholbarkeit der Messung zu einem späteren Zeitpunkt mit gleichem Ergebnis) und vor allem Validität (Gültigkeit und Nachweis einer erfolgreichen Prognose des Berufserfolges), könnte im Rahmen der Eignungsdiagnostik jedes beliebige Kriterium zur Vorhersage von Eignung herangezogen werden. Gütekriterien werden mit Maßzahlen im Bereich 0 bis 1 gemessen, die eben beispielsweise angeben, wie genau ein Verfahren ein geprüftes Merkmal erfasst, ob bei wiederholter Messung das gleiche Ergebnis resultieren würde etc.

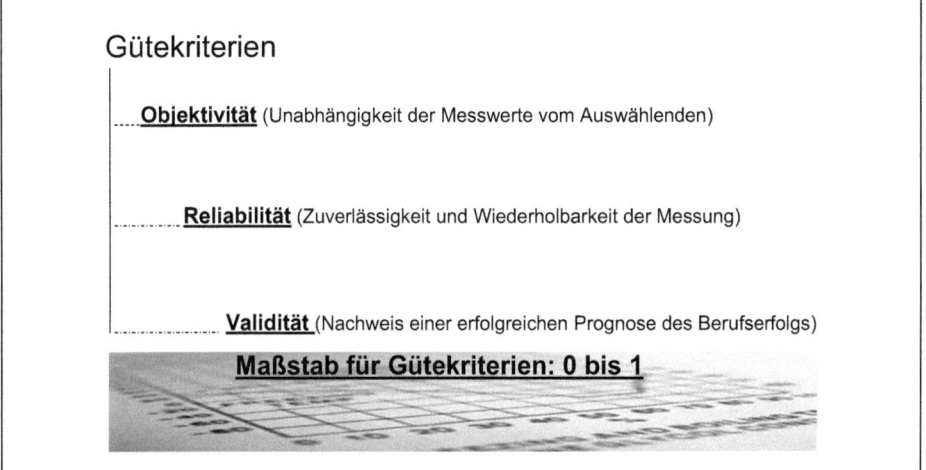

Abbildung 5-2: Gütekriterien

5.2.1 Validität

Die Validität gibt an, wie gut ein Instrument das misst, was es zu messen vorgibt. Dementsprechend ist ein Intelligenztest valide, wenn er tatsächlich Intelligenz und nicht zum Beispiel Konzentrationsfähigkeit misst. Damit ist die Validität das bedeutendste Entscheidungskriterium bei der Auswahl diagnostischer Verfahren. Man kann Inhalts-, Konstrukt- und Kriteriumsvalidität wiederum unterscheiden. Inhaltlich valide ist ein Verfahren, wenn die zu bearbeitenden Aufgaben Beispiele für die spätere berufliche Tätigkeit sind. Konstruktvalidität gibt an, inwieweit das Verfahren tatsächlich ein spezifisches Merkmal, und nicht ein anderes, erfasst. Wenn man von Validität bei eignungsdiagnostischen Verfahren spricht, ist in der Regel die Konstruktvalidität gemeint. Sie befasst sich damit, inwieweit das Auswahlverfahren Ergebnisse liefert, welche mit der Theorie übereinstimmen, auf die es begründet ist. Kriteriumsbezogene Validierung stellt schließlich einen Bezug zwischen dem Testergebnis und einem relevanten Außenkriterium her. Hierfür wird häufig die Leistungsbeurteilung des Vorgesetzten genommen und Erfolgskennwerte wie Gehalt, Produktivitätskennzahlen, Mitarbeiterzufriedenheitskennzahlen etc.

Validität =

= wie gut ein Instrument misst, was es zu messen vorgibt

• **Inhaltsvalidität**

Ein Verfahren ist inhaltlich valide, wenn die Aufgaben Beispiele für die berufliche Tätigkeit sind.

• **Konstruktvalidität**

Gibt an, inwieweit, ein Verfahren tatsächlich ein spezifisches Merkmal und nicht ein anderes erfasst und inwieweit ein Verfahren Ergebnisse liefert, welche mit der zugrunde gelegten Theorie übereinstimmen.

• **Kriteriumsvalidität**

Bezug zwischen dem Testergebnis und einem relevanten Außenkriterium (z.B. Leistungsbeurteilung, Gehalt, Mitarbeiterzufriedenheit).

Abbildung 5-3: *Validität*

5.2.2   Reliabilität

Reliabilität ist eine notwendige, aber keine hinreichende Bedingung für Validität, da sie lediglich feststellt, wie stabil ein Ergebnis ist. Die Validität fragt dagegen auch, ob ein Verfahren überprüft, was es überprüfen soll, also ob das Ergebnis auch in Zusammenhang mit den geforderten Eigenschaften steht.

Man unterscheidet zum einen die Retest-Reliabilität. Diese überprüft, ob dasselbe Ergebnis bei der gleichen Person mit dem gleichen Verfahren auch wieder gleich ausfallen würde. Die Retestreliablität oder Stabilität eines Verfahrens zeigt, wie stabil das Testergebnis über einen bestimmten Zeitraum bleibt. Ein guter Wert beginnt bereits ab 0.70. Die Retest-Übereinstimmung beträgt zum Beispiel beim MBTI 82-87 % innerhalb einer Zeitspanne von 9 Monaten, bei Zeiträumen darüber 75-77 %.

Zum anderen überprüft die Parallelltest-Reliabilität, ob unterschiedliche Versionen eines Verfahrens das gleiche überprüfen. Dies ist beispielsweise relevant, um zu verhindern, dass Bewerber voneinander abschreiben oder wenn ein Testverfahren mehrmals verwendet wird. Ein Wert von 0.80 darf bereits als hoch bezeichnet werden.

Die interne Konsistenz (oft als Cronbachs Alpha angegeben) ist als Maß für die Homogenität des Verfahrens ein Indikator, ob die verschiedenen Items eines Verfahrens dasselbe Merkmal messen. Sie liegt nicht selten bei einem Wert von 0.80-0.90. Mit der Split-Half-Reliabilität schließlich kann man prüfen, inwieweit zwei Testhälften zueinander korrelieren.

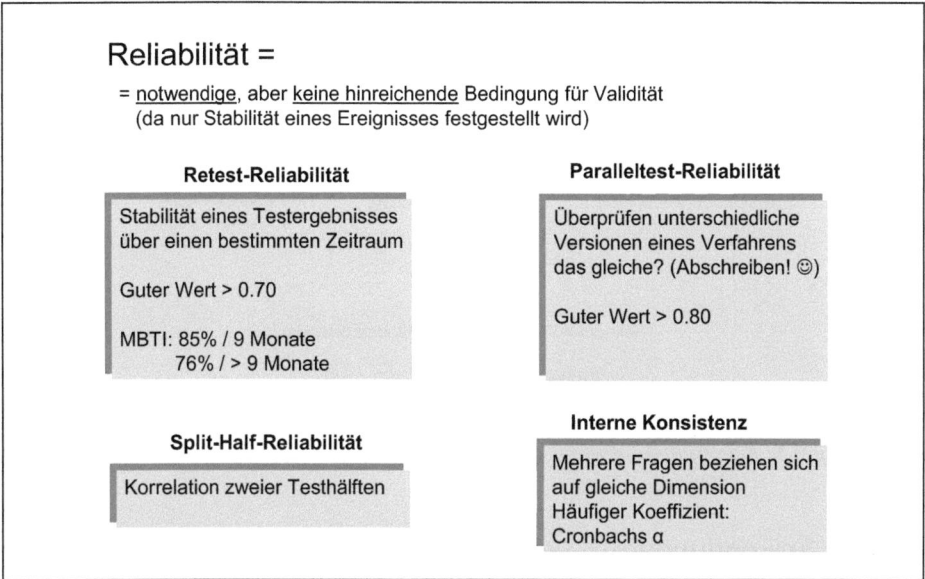

Abbildung 5-4: Reliabilität

5.2.3   Korrelationseffizient

Der Korrelationseffizient „r" sagt etwas darüber aus, wie stark der Zusammenhang zwischen Testergebnis und erforderter Qualifikation ist. Die Korrelation ist umso stärker, je näher der Wert an der Zahl 1 liegt, also entweder +1 oder -1. Ein Korrelationskoeffizient von +1,0 würde bedeuten, dass mit Hilfe einer bestimmten Auswahlmethode eine perfekte Prognose aus dem Test auf den Berufserfolg möglich wäre.

Ein Wert von 0,0 lässt keinen Zusammenhang zwischen Auswahlmethode und Erfolg herstellen und schließlich drückt -1,0 einen negativen Zusammenhang aus. Bei den Korrelationseffizienten in der Eignungsdiagnostik handelt es sich fast immer um Dezimalwerte wie 0,34 oder 0,50, eine Korrelation von 1,0 wäre illusorisch. Es hat sich in der Praxis gezeigt, dass bei Auswahlverfahren Werte von 0,75 und höher bereits als ausgezeichnet bewertet werden während, Werte unter 0,55 als unzureichend gesehen werden. Die meisten eingesetzten Auswahlverfahren bewegen sich im Bereich von r = 0.10 und r = 0.50. Alle Korrelationseffizienten zwischen r = 0.30 und 0.50 sind bereits als gut einzustufen, zwischen r = 0.50 und r = 0.70 sind sie als sehr gut zu sehen, ein Wert darüber lässt sich in der Praxis kaum erzielen.[6] Demnach kann man von einer effektiven Methode der Personalauswahl bei einer erzielten prognostischen Validität von ca. r = 0.60 sprechen.

---

6   Vgl. Jetter, 2003

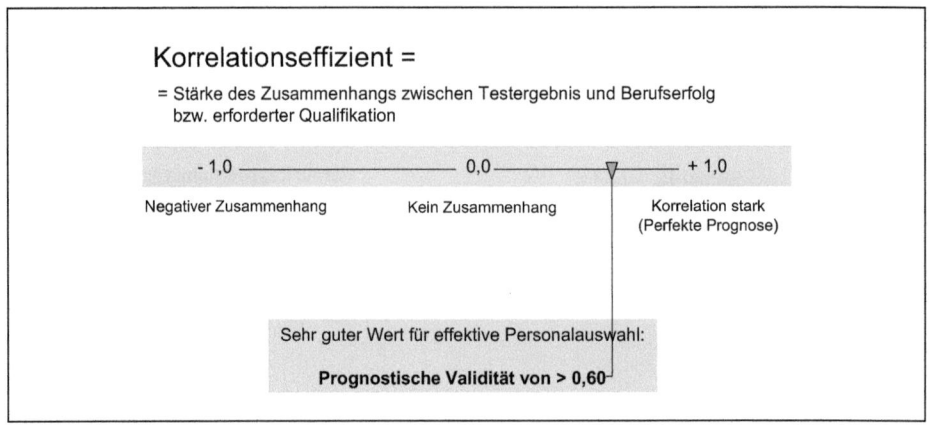

Abbildung 5-5: *Korrelationseffizient*

5.2.4   Anwendungen

Im Gegensatz zu Leistungstests, die die Leistung tatsächlich abverlangen, bestehen Persönlichkeitsverfahren aus Selbstaussagen. Persönlichkeitstests lassen sich demnach durchaus verfälschen. Qualifikationen sollten deshalb nicht nur mit Hilfe von Selbstbeschreibungsverfahren gemessen, sondern mit situativen Verfahren ergänzt werden.

Dabei ist gezeigt worden, dass sich die Validität von Selbstbeschreibungen erhöht, wenn der Bewerber weiß, dass die Aussagen mit Hilfe von situativen Verfahren überprüft werden.[7]

Umstritten bei Persönlichkeitstests bleibt, dass diese fast ausschließlich für die klinische Forschung entwickelt wurden und nicht für die Eignungsdiagnostik. Trotz der Vorbehalte liefern Persönlichkeitstests eine prognostische Validität zwischen 0.20 und 0.40.

Im Urteil sowohl Auswählender als auch der Bewerber ist das Interview die am meisten geschätze Form der Personalauswahl, wahrscheinlich deshalb, weil es sich um die „menschlichste Situation" handelt, die auch die meisten Interventionsmöglichkeiten bietet.

Die Validität dagegen ist mit Werten zwischen 0.05 bis 0.25 erschreckend geringer als bei allen anderen Verfahren.[8] Das ändert sich jedoch fulminant, wenn man strukturierte Interviews durchführt.

Mit Hilfe von situativen Fragen im Sinne von Wissensarbeitsproben sowie komplexen biographiebezogenen Fragen, die mit Verhaltensbeschreibungen arbeiten, lassen sich Korrelationen von 0.37 bis zu 0,63 erzielen, die auch einem qualitativen Assessment Center gut zu Gesicht stehen.

---

[7]   Vgl. Moser, 1999. Reilly/Chao, 1982 geben hier alterierend Werte von 0,14 bis 0,30 an.

[8]   Vgl. dazu Reilly/Chao, 1982, Hunter/Hunter 1984, Wiesner/Crownshaw, 1988, Schmidt/Hunter, 1998

Das Assessment Center erreicht je nach Güte der Konstruktion Werte von 0.40 bis 0.75. Die Vorgesetztenbeurteilung liegt in der Validität durchschnittlich auf gleicher Höhe wie gute Auswahlverfahren d. h. um 0.40 bzw. dem Wert von Arbeitsproben über einen längeren Zeitraum.

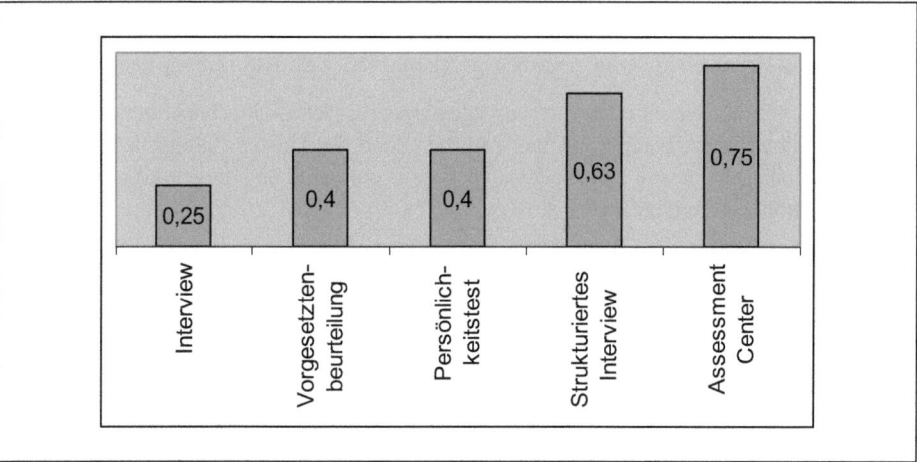

Abbildung 5-6: Maximale Validität von Auswahlverfahren im Vergleich

Lange Zeit galt Intelligenz als Merkmal, das für alle beruflichen Aufgaben eine wichtige und grundlegende Eigenschaft ist. Dabei wurde eine Analogie zwischen der beruflichen Aufgabenstellung und den frühkulturellen Daseinsanforderungen des Menschen gezogen. Für beide Anforderungsdimensionen sollte Intelligenz zwar nicht als einzige, aber besonders wichtige Eigenschaft entscheidend sein.[9]

Andererseits wurde in einer Untersuchung an Ingenieuren und Wissenschaftlern gefunden, dass Selbstvertrauen und Leistungsmotivation zu den wichtigsten Determinanten beruflichen Erfolges zählen.[10] Tatsächlich haben sich ebenso die Fachkenntnisse mit einem Korrelationseffizienten von 0,45 als wichtige Voraussetzung für beruflichen Erfolg gezeigt.[11]

Ein Trend in der Eignungsdiagnostik ist das Fünf-Faktoren-Modell der Persönlichkeit, das fünf grundlegende, voneinander unabhängige Persönlichkeitsfaktoren, die „big five" als berufliche Erfolgsfaktoren definiert, d. h. Extraversion, Emotionale Stabilität, Verträglichkeit, Gewissenhaftigkeit und Offenheit für Erfahrungen.

Trotz der Plausibilität, die diese Kriterien hinsichtlich der Korrelation mit Berufserfolg ausdrücken, konnten diese Merkmale bis dato noch nicht überzeugend belegt werden. Demnach empfiehlt es sich nach wie vor, auf eine Kombination von Verfahren zu setzen.

---

9   Rescher, 1994
10 Schuler/Funke/Moser/Donat, 1994
11 Dye/Reck/Daniel, 1993. Auch Malik, 2001 betont den Wert der Fachkenntnisse für (Management-) Erfolg.

Der Einsatz mehrerer Verfahren erhöht die Sicherheit der Entscheidung, erfordert allerdings eine Kombination der erhaltenen Informationen. Aber wir müssen uns klarmachen, dass sich auch heute die Entwicklung menschlicher Fähigkeiten und Motive zum Teil nicht vorausse-hen lässt, wodurch der Prognosevalidität Grenzen gesetzt sind.

Dabei wird oft übersehen, dass Eignungsdiagnostik nicht nur der Leistungsmessung dient, sondern auch eine Über- wie Unterforderung verhindern soll und damit den Menschen zugu-tekommt, was sich auch in der in der arbeitspsychologischen Stressforschung zeigt.[12]

Die Abkehr von der Nivellierung persönlichkeitsspezifischer Unterschiede gerade hinsicht-lich Motivation, Einsatzbereitschaft und natürlich auch der Leistungsfähigkeit hat die Hal-tung zur Eignungsdiagnostik heutzutage wieder etwas entspannt und diese wird nicht mehr so stark als bedrohlich empfunden.[13]

Eignungsdiagnostik könnte zukünftig somit auch im Sinne Aristoteles´ Gedanken der Entele-chie[14] verstanden werden, wonach Menschen dann am glücklichsten sind, wenn sie ihre vorhandenen Fähigkeiten voll entfalten und einsetzen können. Professionell angewandte Eignungsdiagnostik kann dabei helfen, diese Fähigkeiten zu erkennen.

Verständnisfragen

- Warum ist Reliabilität ein notwendiges aber nicht hinreichendes Kriterium für Validität?

- Welche Auswahlverfahren haben die niedrigste, welche die höchste Validität?

- Warum sollten in der Eignungsdiagnostik möglichst mehrere Verfahren kombiniert wer-den?

- Wie nennt sich der eignungsdiagnostische Fachterminus, der einem Auswahlverfahren beispielsweise 60 % Validität zuschreibt?

---

[12] Schuler, 2000
[13] Wottawa, 1991
[14] Aristoteles, 1986

Anhang

Anhang 1: Strukturierter Interviewleitfaden

Name des Interviewleitfadens	
Name des Interviewers	
Name des Kandidaten	
Gesprächsdatum	
1. Kennzahlen der Funktion	
Angestrebte Position	
Jobprofil	
Organisation	
2. Ablauf des Interviews	
Begrüßung zum Interview ■ Aufwärmphase, Beziehungsebene aufbauen ■ Vorstellung Gesprächspartner und Gesprächsablauf	Kaffee, Tee? Gut angereist? Alles gefunden? Papier für Notizen Infomaterial/ Produktmuster?
3. Fragen + Notizen zum Lebenslauf + stellenspezifische Motivation	
Kurze Vorstellung des Bewerbers mit markanten Punkten des Lebenslaufes	
Stellensp. Motivation ■ Motivation zum Wechsel? ■ berufl. Planung nächster 3 / 5-10 Jahre?	
Wie verlief Ihre bisherige berufliche Entwicklung? Beschreiben Sie die wichtigsten Stationen. Was war an diesen Stationen wichtig für Sie? Was und wie haben Sie selbst dazu beigetragen? Was hat Sie vorangetrieben?	
Wie sehen Sie Ihre zukünftige berufliche Entwicklung? Was ist Ihnen wichtig? Auf welche Stärken können Sie bauen? Wo stehen Sie sich selbst im Wege? Was macht Sie zuversichtlich? Wo sehen Sie sich in fünf bis zehn Jahren?	
	— 0 + Kaum vorhanden / erfüllt Anforderung / stark vorhanden
4. Fragen + Notizen zu Aufgaben/ Verantwortungsbereich	
Kurze Vorstellung der Organisation und grobe Skizzierung der Aufgabe/Herausforderung	

5. Fragen zu Kenntnissen	
▪ Schule, Ausbildung, Studium	
▪ Lücken/Ungereihmtheiten im Lebenslauf	
▪ Beruflicher Werdegang	
Sprach-Kenntnisse, evtl. EDV Kenntnisse, sonstige	
	– **0** **+** Kaum vorhanden / erfüllt Anforderung / stark vorhanden
6. Fragen zu benötigten Erfahrungen	
▪ Berufs-, Projekt-, Führungs-, Interkulturelle Erfahrung ▪ ggf. Test, Case Study oder prakt. Aufgaben	
	– **0** **+** Kaum vorhanden / erfüllt Anforderung / stark vorhanden
7. Fragen zu erforderlichen Fähigkeiten	
Durchsetzungsfähigkeit	
Beschreiben Sie eine Situation aus der jüngsten Vergangenheit, in der Sie direkt und energisch auftreten mussten, um anderen Ihre Vorstellungen zu vermitteln. Wie haben Sie diese Vorgehensweise empfunden?	
	– **0** **+** Kaum vorhanden / erfüllt Anforderung / stark vorhanden
Entscheidungsfähigkeit	
Beschreiben Sie eine Situation, in der Sie sich in einem Dilemma befanden und eine Entscheidung treffen mussten. Wie sind Sie mit dieser Situation umgegangen? Welche Schritte haben Sie zur Lösung dieses Dilemmas unternommen? Wie hat sich Ihre Vorgehensweise auf die Entscheidung ausgewirkt?	
	– **0** **+** Kaum vorhanden / erfüllt Anforderung / stark vorhanden
Motivation und Inspiration	
Beschreiben Sie eine Situation, in der Sie eine(n) Ihrer Mitarbeiter/-innen anspornen und motivieren mussten, über seine/ihre Möglichkeiten hinauszuwachsen. Auf welche Weise und mit welchem Ergebnis haben Sie ihn/sie motiviert?	

	− 0 + Kaum vorhanden / erfüllt Anforderung / stark vorhanden
Coaching und Mentoring	
Beschreiben Sie Ihr letztes Problemlösungsgespräch mit einem der Ihnen unterstellten Mitarbeiter.	
Beschreiben Sie eine Situation, in der Sie es mit einem/einer Mitarbeiter/-in zu tun hatten, der bzw. die ein Leistungsproblem hatte. Nach welchen Verfahren und mit welchem Ergebnis haben Sie ihm/ihr konstruktives Feedback gegeben?	
	− 0 + Kaum vorhanden / erfüllt Anforderung / stark vorhanden
8. Zusätzliche Anforderungen	
Mobilität ▪ Dienstreise ▪ Versetzung	
Was meinen Sie, was Ihnen noch für die Aufgabe fehlt, was bringen Sie mit?	
Wie bewerten Sie selbst Ihre momentane Eignung für die Stelle?	
	− 0 + Kaum vorhanden / erfüllt Anforderung / stark vorhanden
Wann können Sie anfangen?	Beginn: Kündigungsfrist:
Gehaltsvorstellungen ▪ Fix / variabel, alle Gehaltsbestandteile ▪ Derzeitiges Einkommen/ Arbeitszeit	
Entscheidungsdruck? ▪ Antwort bis wann? ▪ Andere Bewerbungen wo?	
9. Fragen des Bewerbers	
▪ Aufgabe, Geschäftsentwicklung ▪ Organisation, Partner, Schnittstellen ▪ Personalentwicklung	
10. Gesprächsabschluss	
▪ Noch Fragen (offene Punkte)? ▪ Was braucht der Bewerber zur Entscheidungsfindung? ▪ Weiterer Verlauf der Bewerbung ▪ Verabschiedung/ Weiterleitung, evtl. Reisekosten	
INTERVIEWBEWERTUNG GESAMT	

Anhang 2: Gesprächsleitfaden Placementberatung

1. Vor dem Placementgespräch:

- Vor dem Termin abklären, ob HR-Kollegen schon Aktivitäten gestartet haben

- Im Vorfeld immer abklären: ob und wie die Führungskraft mit dem Mitarbeiter gesprochen hat

- Lebenslauf des Mitarbeiters und optional Performance Bogen durchsehen, Anmerkungen beim Gespräch besprechen

Unterlagen für das Placementgespräch:

- Berater nimmt ggf. offene, passende Stellen und Entwicklungslandkarten mit

2. Das Placementgespräch:

- Klärung Rolle des Placementberaters: Coach und Berater, keine Ordnungsfunktion, kein „Treiber", Aufgaben Recruitment & Placement, ggf. Schnittstellen und Veranwortungsbereiche der anderen HR-Abteilungen erklären. Informieren, welche Aufgaben der Placementberater nicht übernehmen kann: Garantie einer neuen Position innerhalb einer bestimmten Zeit, in andere Unternehmensbereiche vermitteln (Ausnahme), Fachbereichen einen Mitarbeiter, der sich verändern muss, „aufzwingen"

- Klärung zeitlicher Verlauf, Erwartungen und Ziel des Gesprächs

- Aus welchen Gründen sucht der Kandidat eine neue Beschäftigung (Umstrukturierung, „ready to develop", persönliche Gründe, ggf. Veränderungsdruck, bis wann?)

- Wer ist in den Vorgang eingebunden?
  (Führungskraft, Personalreferent)

Beratungsschritte:

a) *Was will der Mitarbeiter?* (kurz-, mittel, langfristig, was macht Mitarbeiter gerne/ nicht gerne, wo liegen nach Selbsteinschätzung und Feedback Stärken und Schwächen)
b) *Wie nennt sich diese Tätigkeit im Unternehmen?* (Welche Abteilungen, Bereiche innerhalb des Unternehmens kann sich der Mitarbeiter vorstellen, Referenz auf Jobfamilie, gibt es schon bestimmte Jobs, die der Mitarbeiter gefunden hat? Was stellt sich der Mitarbeiter unter der Jobbezeichnung vor? Stimmen seine Vorstellungen mit den tatsächlichen Aufgaben überein?)
c) *Welche Kompetenzen fehlen noch* hinsichtlich des Matchings Lebenslauf/Job? (Welches Training, Weiterbildung etc. wäre notwendig, wie kurzfristig sind die Kompetenzen aufbaubar?)

3. Bewerbungstraining:

- Beratung zu Bewerbungsunterlagen (ggf. Bewerbungsunterlagen durchsprechen), Unterlagen (Anschreiben, Lebenslauf) zur Heimarbeit an Kandidaten ausgeben

- Beratung zu Aufbau und Suchfunktion im Intranet/Internet

- Bewerbungsstrategie und -prozess erklären

4. Hinweis, welchen Beitrag der MA leisten muss:

- Eigenes Netzwerk nutzen

- Regelmäßig die aktuellen Ausschreibungen (zum Beispiel im Intranet/Internet) sichten, Suchagent einrichten

- Daten der internen Personalentwicklungsdatenbank pflegen („ready to develop" etc.)

- ggf. Bewerbungsunterlagen aufbereiten

- ggf. Zeugnisse einholen

- ggf. direkt mit den Ansprechpartnern in den Fachbereichen sprechen

- Absagegründe einfordern und daraus Ableitungen machen

- Eigenverantwortung! „Hilfe zur Selbsthilfe": Berater kann Mitarbeiter bei der Suche nach einer neuen Position unterstützen. Die Verantwortung für eine neue Stelle liegt aber bei jedem selbst

- Berater informieren, wenn MA eine neue Position gefunden hat (intern oder extern)

Anhang 3: Checkliste für AC

Durchführender Fachbereich:

Stelle (Anzahl/Beschreibung):

Anzahl Kandidaten:

Was	Wer / Telefon	Bis wann
AC Ort/Termin festsetzen		
Anforderungsprofil besprechen		
Fähigkeiten ableiten		
Übungen auswählen		
Agenda vorbereiten		
Fallstudie vorbereiten		
Interview vorbereiten		
Präsentation vorbereiten		
Rollenspiel vorbereiten		
Beobachterschulung (Vorbereitung/Durchführung)		
Moderation Beobachterkonferenz		
Moderation der Übungen (Timekeeper)		
Lebensläufe Kandidaten		

Was	Wer / Telefon	Bis wann
BEOBACHTER / ROLLENSPIELER		
Assessoren auswählen:		
Rollenspieler auswählen		
Rollenspiel erstellen		
Rollenspieler trainieren		
ORGANISATORISCHES		
Räume buchen		
Catering buchen		
Raum für Beobachterschulung buchen		
Beobachtermappen erstellen		
Beobachterbögen erstellen		
Gesamturteil erstellen / Bewertung festlegen		
Laufzettel Beobachter erstellen		
Laufzettel Kandidaten erstellen		
Einladungsbriefe an Bewerber versenden		
Erforderliche Medien im Raum: (Was, wer ist verantwortlich?)		

Was	Wer / Telefon	Bis wann
Bewertung des Interviewleitfadens? (Wenn ja, welche Gewichtung im Gesamturteil?)		
Fällt Entscheidung in Beobachterkonferenz?		

Anhang 4: Rollenspiel-Agenda für Assessment Center

- 4 Rollenspiele à 3 Minuten
  (1 positive + 3 kritische Situationen)

- Alle üben sich im Feedback gegenüber den
  Rollenspielern (nur gegenüber FB-Sendern)

- Blitzlicht zur Schulung
  („Wie gut vorbereitet fühle ich mich für die Feedbackgespräche?")

Anhang 4.1: Rollenspielanleitung FB-Sender – „Positiv"

Geben Sie Kandidat „Toll" Feedback zur Übung „Präsentation"!

- Die Beurteilung hat ergeben: 2++ und 1+.

- Notierte Wahrnehmungen sind:

„Spricht laut und deutlich, spricht flüssig und ohne Stocken. Mimik und Gestik passen zu den
vorgetragenen Inhalten. Setzt einfallsreich Visualisierungen ein und weckt damit das Interesse
der Zuhörer. Hält Augenkontakt während des Vortrags."

Anhang 4.2: Rollenspielanleitung FB-Empfänger – „Positiv"

Sie bekommen Feedback zu Ihrer Präsentationsleistung!

- Sie haben einen guten Eindruck von Ihrer Leistung und sind schon sehr gespannt, wie die Rückmeldung ausfallen wird.

- Sie möchten sich ständig weiterentwickeln und möchten deshalb ganz genau wissen, wie Sie von den Beobachtern wahrgenommen wurden, wie Sie bewertet wurden und vor allem wie die Bewertungen begründet werden.

Anhang 4.3: Rollenspielanleitung FB-Sender – „Kritisch 1"

Geben Sie Kandidat „Schlecht" Feedback zur Übung „Präsentation"!

- Die Beurteilung hat ergeben: 3 -

- Notierte Wahrnehmungen sind:

„Spricht leise, schlecht verständlich und sucht immer wieder nach Worten. Sieht Beobachter nicht an, Blick schweift im Raum umher. Wendet sich oft mit dem Rücken zu den Beobachtern und spricht zum Flipchart, auf diesem ist aber nichts notiert, was zu den Vortragsinhalten passt."

Anhang 4.4: Rollenspielanleitung FB-Empfänger – „Kritisch 1"

Sie bekommen Feedback zu Ihrer Präsentationsleistung!

- Sie haben keinen schlechten Eindruck von Ihrer Leistung, fanden den Auswahltag aber sehr anstrengend.

- Sie sind einem Assessment Center etwas kritisch eingestellt und glauben nicht, dass es dabei fair zugeht. Sie sind mit Ihrer kritischen Beurteilung überhaupt nicht einverstanden. Sie fragen sich, was die anderen Bewerber besser gemacht haben und glauben, dass die Beobachter rein nach Sympathie bewertet haben.

Anhang 4.5: Rollenspielanleitung FB-Sender – „Kritisch 2"

Geben Sie Kandidat „Schwierig" Feedback zur Übung „Gruppendiskussion"!

- Die Beurteilung hat ergeben: 2 -

- Notierte Wahrnehmungen sind:

„Kommt immer wieder auf eigene Argumentation zurück und versucht diese durchzusetzen, die anderen Teammitglieder gehen aber auf die Argumentation wiederholt nicht ein. Unterbricht andere häufig und reagiert auf die Argumente der anderen in Gestik und Mimik verächtlich."

Anhang 4.6: Rollenspielanleitung FB-Empfänger – „Kritisch 2"

Sie bekommen Feedback zur Gruppendiskussion!

■ Sie erwarten bereits ein negatives Ergebnis, weil die anderen Teilnehmer Ihre gute Leistung zunichte gemacht haben.

■ Sie sind sehr ungehalten darüber, dass Ihre Leistung nicht differenzierter betrachtet wird. Sie sind mit dem Ergebnis nicht einverstanden und fordern mehr Zeit für das Feedbackgespräch, um dies auszudiskutieren und die Entscheidung zu revidieren.

Anhang 4.7: Rollenspielanleitung FB-Sender – „Kritisch 3"

Geben Sie Kandidat „Schade" Feedback zur Übung „Gruppendiskussion"!

■ Die Beurteilung hat ergeben: 2 -

■ Notierte Wahrnehmungen sind:

„Bleibt im Hintergrund. Hat selbst wenig Redebeiträge. Wiederholt Beiträge anderer. Spricht leise und oft unverständlich. Sieht andere beim Reden nicht an."

Anhang 4.8: Rollenspielanleitung FB-Empfänger – „Kritisch 3"

Sie bekommen Feedback zur Gruppendiskussion!

- Sie fanden den Tag sehr anstrengend. Sie fühlten sich mit den Aufgaben überfordert.

- Sie erwarten Ablehnung und sind von sich total enttäuscht. Sie hatten sich doch so gut vorbereitet, nachdem Sie schon einmal durch ein AC „durchgefallen" sind. Sie wissen nicht, was Sie noch tun sollen. Bei der Ergebnisverkündung sacken Sie in sich zusammen und verschließen sich der Argumentation Ihres Gegenüber.

Anhang 5: Beobachterschulung – Ablaufplan

Uhrzeit	Dauer min.	Beobachtergruppe A, Raum X	Beobachtergruppe B, Raum Y
09:00	50	Beobachterschulung Raum X	
09:50	10	Pause	
10:00	20	Präsentation Kandidaten 1,2	Präsentation Kandidaten 3,4
10:20	30	Kundengespräch Kandidaten 3,4	Kundengespräch Kandidaten 1,2
10:50	10	Pause	
11:00	50	Interview Kandidat 1	Interview Kandidat 2
11:50	10	Besprechung Beobachter A	Besprechung Beobachter B
12:00	50	Interview Kandidat 3	Interview Kandidat 4
12:50	10	Besprechung Beobachter A	Besprechung Beobachter B
13:00	120	Beobachterkonferenz mit Mittagspause	
15:00	15	Feedback an Kandidat 1	Feedback an Kandidat 2
15:15	15	Feedback an Kandidat 3	Feedback an Kandidat 4
15:30	15	Nachbesprechung Beobachter	
15:45		Ende	

Anhang 5.1: Beobachterschulung – Teilnehmerzuordnung

Moderation: XXX

Kandidaten:

1. XXX
2. XXX
3. XXX
4. XXX

Beobachtergruppe A:
1. XXX
2. XXX

Beobachtergruppe B:
3. XXX
4. XXX

Anhang 5.2: Beobachterschulung – Beobachtungsbogen Präsentation

Bewertung:

    „–" : erfüllt die Anforderungen nicht

    „o" : erfüllt die Anforderungen voll

    „++" : übertrifft die Anforderungen

Kandidat	Kommunikationsfähigkeit
	▪ Tritt selbstsicher, jedoch nicht überheblich auf ▪ Wirkt echt und authentisch ▪ Spricht deutlich, flüssig und verständlich ▪ Verfügt über eine überzeugende und zur Kultur passende Körpersprache ▪ Bringt Gesichtsausdruck und Gesten in Einklang mit dem, was er sagt (wirkt stimmig)
Beobachtetes Verhalten:	**– / o / ++**

Anhang 5.3: Beobachterschulung – Beobachtungsbogen Kundengespräch

Bewertung:

„–" : erfüllt die Anforderungen nicht

„0" : erfüllt die Anforderungen voll

„++" : übertrifft die Anforderungen

Kandidat	Kundenorientierung	Analysefähigkeit
	■ Hat die Zufriedenheit des Kunden stets im Auge ■ Ist ihnen gegenüber freundlich und gut gelaunt ■ Übernimmt persönlich die Verantwortung für die Lösung von Kundenproblemen ■ Informiert sich über die wahren Bedürfnisse des ■ Kunden, die sich hinter den anfangs geäußerten verbergen und darüber hinausgehen ■ Tritt als vertrauter Berater auf ■ Antizipiert Kundenbedürfnisse und ist bestrebt, Verständnis dafür zu zeigen und sie zu erfüllen	■ Erkennt, wo er ins Detail gehen muss und wo nicht ■ Erfasst ein Problem in seiner Gesamtheit ■ Geht bei der Ableitung von Alternativen und Maßnahmen systematisch vor ■ Zieht nicht nur komplizierte Zusammenhänge, sondern auch Selbstverständliches in Betracht ■ Erkennt und setzt Prioritäten ■ Analysiert Probleme sorgfältig bevor er mit der Lösung beginnt ■ Formuliert das Problem oder die Fragestellung klar und eindeutig
Beobachtetes Verhalten:	**– / o / ++**	

Anhang 5.4: Beobachterschulung – Bilder zur Wahrnehmungsschulung
(Quelle der Wahrnehmungsbilder: Block/Yuker, 1996)

Anhang 5.5: Beobachterschulung – Bilder zur Wahrnehmungsschulung

Anhang 5.6: Beobachterschulung – Bilder zur Wahrnehmungsschulung

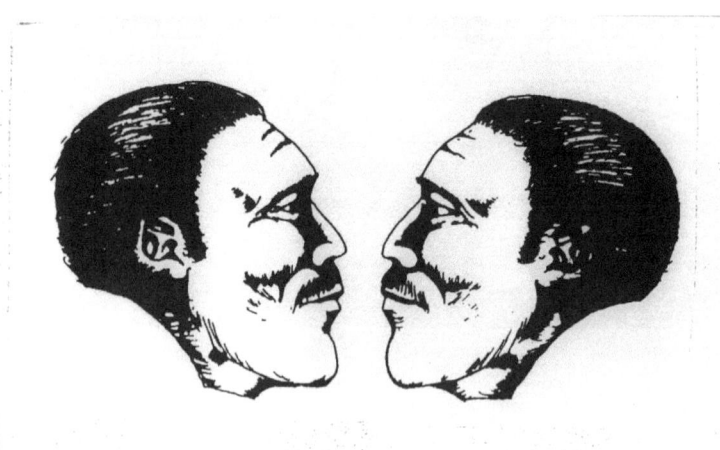

Anhang 5.7: Beobachterschulung – Text zur Wahrnehmungsschulung

Das Auge

Das Auge sagte eines Tages: „Ich sehe hinter diesen Tälern im

blauen Dunst einen Berg. Ist er nicht wunderschön?"

Das Ohr lauschte und sagte nach einer Weile: „Wo ist der Berg,

ich höre keinen."

Darauf sagte die Hand: „Ich suche vergeblich,

ihn zu greifen. Ich finde keinen Berg."

Die Nase sagte: „Ich rieche nichts. Da ist kein Berg."

Da wandte sich das Auge in eine andere Richtung. Die anderen diskutierten

weiter über diese merkwürdige Täuschung und kamen

zu dem Schluss: „Mit dem Auge stimmt was nicht."

[K. Gibran]

Anhang 5.8: Beobachterschulung – Bild zum Ähnlichkeitsphänomen

Anhang 6: Gesprächsleitfaden für Headhunterauswahl

Name Beratung

Name Berater

Datum des Gesprächs:

1. Organisation

Internationale Auftragsbearbeitung?

Anzahl der Niederlassungen (in Deutschland)? Wie arbeiten die Niederlassungen zusammen?

Gibt es deutschlandweit einen zentralen Ansprechpartner (Key Account)?

Fokusbereiche der Beratung?

Anzahl an Consultants?

Anzahl der Consultants, die mit IT-Search befasst sind, deren Hintergrund/Erfahrung?

Unterscheiden Sie zwischen „Identern" und „Researchern"?

Anzahl an Researchern (intern oder extern) – über welchen Hintergrund verfügen sie?

Wie stellen Sie die Qualität dieser Researcher sicher?
Verfügen Sie über eine Datenbank an Kandidaten? Umfang/Pflege?

2. Arbeitsweise

Wie viele Mitarbeiter sind an einem Projekt beteiligt (Urlaub, Krankheit)?
Wie erfolgt die Ansprache der Bewerber? Wer macht den Erstkontakt?
Wie gehen Sie mit den gesetzlichen Beschränkungen um?
Wann erfolgt die Kundennennung?
In welche typischen Phasen gliedert sich ein Auftrag?
Welche Unterlagen kann der Kunde im Verlauf des Auftrages erwarten?
Welche Unterlagen bereiten Sie für Bewerber auf?

3. Qualität

Kenntnis vom Unternehmen und bisherige Zusammenarbeit (Was macht unser Unternehmen eigentlich)?
Wie würden Sie einem Bewerber unser Unternehmen darstellen?
Wie sprechen Ihre Researcher potentielle Bewerber an (Cover-Story)?
Wie versuchen Sie die Qualität der Bewerberprofile stetig zu verbessern (Feedback mit Auftraggeber)?

4. Marktkenntnisse

Referenzen im Markt (Überblick über Aufträge in der jeweiligen Branche oder direkten Wettbewerbern).
Typische Suchprofile im IT-Umfeld

5. Konditionen

Konditionen:
Wie hoch ist das Gesamthonorar und welche Gehaltsbestandteile dienen als Grundlage der Honorar-Berechnung (Fixum, % vom BJG, Nebenkosten etc.)?
Wie teilt sich dieses Honorar auf und wann werden die einzelnen Bestandteile fällig? (1/3 Auftragserteilung, 1/3 Präsentation, 1/3 Vertragsunterzeichnung empfehlenswert)
Wann ist die zweite Rate wirklich fällig? (Erst nach Präsentation von mind. 3 Kandidaten, die vom FB für gut befunden wurden und die nach der Präsentation auch für geeignet befunden wurden. Bei Mehrfachbesetzungen erhöht sich die Anzahl analog)
Weitere Aufwendungen? Wie werden Reisekosten/Spesen abgerechnet (genaue Abrechnung der Spesen)?
Wie verfahren Sie bei einer Fehlbesetzung? Kostenlose Nachbesetzung?
Wie ist das Vorgehen bei Stornierung? (findet sich zum Beispiel ein interner Kandidat, Änderung der Strategie etc.)
Wie sind Ihre Konditionen eines ,Nichtangriffpaktes'? (mind. bis zu 2 Jahre nach Auftrag?)

6. Das Angebot

Bitte unterbreiten Sie uns ein Angebot, das folgende Bestandteile enthält:

- Ihr Verständnis des Unternehmens und der Position
-
- Ihr zeitlicher Planungshorizont
-
- Ihre Honorargestaltung
-
- Weitere Kosten
-
- Kopie der Allgemeinen Geschäftsbedingungen

- Vertrag

Bitte senden Sie uns diese Unterlagen bis (Datum). Wir werden Ihnen unsere Entscheidung bis (Datum) mitteilen.

7. Entscheidungshilfen

- Branchenerfahrung

- Professionalität der Consultants – gute Vertreter für unser Unternehmen?

- Qualität der Geschäftsräume – Eindruck beim Bewerber?

- War der Headhunter angemessen auf dieses Treffen vorbereitet?

- Wo ist die Beratung ansässig? International?

- Referenzen innerhalb des Unternehmens?

- Sind die Konditionen akzeptabel?

- Off limits policy – Sind zu viele Unternehmen nicht ansprechbar?

8. Verhandlungspunkte

- Discount für die erste Besetzung

- Discount bei Mehrfachbesetzung

- Volumen in anderen Bereichen des Unternehmens

- Prozentualen Anteil der letzten Zahlung erhöhen

- Möglichkeit aufzeigen, bei guter Arbeit in Headhunter-Pool aufgenommen zu werden

Literaturverzeichnis

ACHOURI, C., Der Zusammenhang von Systemtheorie und sokratischer Maieutik. Information Philosophie, Lörrach, 2001

ACHOURI, C., Epistemologische Grundlagen des Assessmentcenter. Information Philosophie, Lörrach, 2003

ACHOURI, C., Ethik und Personalarbeit. in: Ethik und Pädagogik im Dialog (Band 2). Ein interdisziplinärer Diskurs. (Hg.): Holger Burckhart, Jürgen Sikora. Münster, LIT, 2005

ACHOURI, C., Interview: Assessmentcenter – was ist das? In: GEK, Süddeutscher Verlag Medien Service München, 2002

ANASTASI, A., The use of personality assessment in industry: Methodological and interpretive problems. in: H.J. Bernardin & D.A. Bownas (Eds.), Personality assessment in organizations (pp.1-20). New York, Praeger, 1985

ARBEITSKREIS ASSESSMENTCENTER E.V., Assessment Center in der betrieblichen Praxis. Hamburg, Windmühle, 1995

ARISTOTELES, Metaphysik. Ditzingen, Reclam, 1986

BAU M., WILKESMANN U. (Hrg.), Human Resource Management – Vom Stiefkind zum strategischen Partner. Reihe: Wirtschaft: Forschung und Wissenschaft, Münster, LIT, Bd. 17, 2006

BAYERISCHES STAATSMINISTERIUM, Ergebnisse des Förderprojektes Familienbewusste Arbeitswelt. 2005

BAYERISCHES STAATSMINISTERIUM, Führung durch Gespräche. München, 1996

BAYERISCHES STAATSMINISTERIUM, Miteinander arbeiten – Miteinander reden. München, 1996

BAYME BAYERISCHER UNTERNEHMENSVERBAND METALL UND ELEKTRO E.V./VBM VERBAND DER BAYERISCHEN METALL UND ELEKTROINDUSTRIE E.V., Info Recht – Allgemeines Gleichbehandlungsgesetz (Arbeitsrecht). Heft 14, Ausgabe 07/2006

BECK, C. (Hrsg.), Professionelles E-Recruitment, Strategien-Instrumente-Beispiele. Neuwied, Luchterhand, 2002

BDA BUNDESVEREINIGUNG DER DEUTSCHEN ARBEITGEBERVERBÄNDE, Demographie und gesellschaftlicher Wandel. Band 44, 2004

BLOCK R. J., YUKER H. E., Ich sehe was, was Du nicht siehst. 250 optische Täuschungen und visuelle Illusionen. München, Goldmann, 1996

BÖRNECKE, D. (Hrsg.), Basiswissen für Führungskräfte. Erlangen, Publicis, 2005

BUCK, H.; KISTLER, E.; MENDIUS, H. G., Demographischer Wandel in der Arbeitswelt – Chancen für eine innovative Arbeitsgestaltung. Broschürenreihe „Demographie und Erwerbsarbeit", Stuttgart, 2002

DAUM, J. W., Two measures of R.O.I. on intervention-fact or fantasy? in: Cascio, W.F.: Managing human resources: Productivity, Quality of Life, Profits, 1992

DIN, Anforderungen an Verfahren und deren Einsatz bei berufsbezogenen Eignungsbeurteilungen. DIN 33430. Berlin, 2002

DUBOIS, P.H., A history of psychological testing. Boston, Allyn & Bacon, 1970

DUNCKEL, H., Handbuch psychologischer Arbeitsanalyseverfahren. VDF Hochschulverlag, Zürich, 1999

DYE, D.A./RECK, M./MCDANIEL, M.A., The validity of job knowledge measures. International Journal of Selection and Assessment, 1, 153-157, 1993

EDENBOROUGH, R. / KOGAN,P, Assessment Methods in Recruitment, Selection and Performance. London, 2005

EILLES-MATTHIESSEN, C./EL HAGE, N./JANSSEN, S./OSTERHOLZ, A., Schlüsselqualifikationen in Personalauswahl und Personalentwicklung. Ein Arbeitsbuch für die Praxis. Huber, Bern, 2002

ERPENBECK, J./ROSENSTIEL, L.V. (Hrsg.), Handbuch Kompetenzmessung. Stuttgart, 2003

FISCHER, R./URY, W./PATTON, B., Das Harvard Konzept. Der Klassiker der Verhandlungstechnik. Campus, 2003.

FISSENI, H.J./FENNEKELS, G.P., Das Assessment Center. Göttingen, Hogrefe 1995

FUCHS, JOHANN, Demographische Alterung und Arbeitskräftepotential. IAB – Colloquium „Praxis trifft Wissenschaft", Eine Frage des Alters, Herausforderungen für eine zukunftsorientierte Beschäftigungspolitik, Lauf, 2003

GAUL, B./NAUMANN, E., Entwurf des Allgemeinen Gleichbehandlungsgesetzes. in: Arbeitsrechtsberater (ArbRB), 2006

GAZDAR, K., Köpfe jagen: Mythos und Realität der Personalberatung. Wiesbaden, 1992

GEISSLER, M., Der demographische Wandel in der SBS. Diplomarbeit bei Siemens Business Services GmbH & Co. OHG. München, 2005

HAGEHÜLSMANN, U. & H., Der Mensch im Spannungsfeld seiner Organisation. Transaktionsanalyse in Managementtraining, Coaching, Team- und Personalentwicklung. Paderborn, Junfermann, 1998

HELL, B./BORAMIR, I./SCHAAR, H./SCHULER, H., Interne Personalauswahl und Personalentwicklung in deutschen Unternehmen. in: Wirtschaftspsychologie 1-2006, 8. Jahrgang. Lengerich, Pabst Science, 2006.

HESSE, J./SCHRADER, H.-C., Testtraining 2000plus. Einstellungs- und Eignungstests erfolgreich bestehen. Eichborn, 2005

HOSSIEP, R./PASCHEN, M./MÜHLHAUS, O., Persönlichkeitstests im Personalmanagement. Grundlagen, Instrumente und Anwendungen. Göttingen, 1999

HUNTER, J.E./ HUNTER, R.F., Validity and utility of alternative predictors of job performance. In: Psychological Bulletin, 96, pp. 72-98, 1984

JETTER, W., Effiziente Personalauswahl. Schäffer-Poeschel, 2003.

JUNG, C. G., Grundwerk in 9 Bänden. Walter, Düsseldorf, 1999

KEIRSEY, D.; BATES, M., Versteh mich bitte. Charakter und Temperamenttypen. CA, USA, Prometheus Nemesis, 1990

KERSTING, M., Stand, Herausforderungen und Perspektiven der Managementdiagnostik. in: Personalführung, Düsseldorf, 10/2006. DGFP (Hrsg.)

KIEßLING-SONNTAG, J., Handbuch Mitarbeitergespräche. Berlin, Cornelsen, 2000

KOHN, L.S./DIOPBOYE, R.L., The effects of interview structure on recruiting outcomes. In: Journal of Applied Social Psychology, 28, pp. 821-843, 1998

KÖNIG, W./WEITZEL T./WENDT, O./KEIM T., Recruiting Trends 2004. Eine empirische Untersuchung der Top 1.000 Unternehmen in Deutschland und von 1.000 Unternehmen aus dem Mittelstand. Frankfurt am Main, 2004

KÖNIG, W./KEIM T./VON WESTARP, F., Bewerbungspraxis 2004 – Eine empirische Untersuchung mit über 6.200 Stellensuchenden im Internet. Frankfurt am Main, 2003

KÖNIGSWIESER, ROSWITA/LUTZ, CHRISTIAN (Hrsg.), Das systemisch evolutionäre Management. Wien, Orac, 1992

KÖNIGSWIESER R./HILLEBRAND M., Einführung in die systemische Organisationsberatung. Heidelberg, Carl-Auer-Systeme Verlag, 2004

KÖNIGSWIESER, R./EXNER, A., Systemische Intervention. Architekturen und Designs für Berater und Veränderungsmanager. Stuttgart, Klett-Cotta, 1998

LAVAN, H./MATHYS, N./DREHMER, D., A Look at the Counseling Practices of Major U.S. Corporations, in: Personnel Administrator, 1983, Vol. 28, No.6, 76-81, 143-146.

LEIBOLD, M./VOELPEL, S., Managing the aging Workforce. Challenges and Solutions. Erlangen, Publicis, 2006

MALIK, F., Führen, Leisten, Leben. München, Heyne, 2001

MERTENS, D., Schlüsselqualifikationen. Thesen zur Schulung für eine moderne Gesellschaft. Mitteilungen aus der Arbeitsmarkt- und Berufsforschung, 36-43, 1974

MOLCHO, S., Alles über Körpersprache. München, Goldmann, 2001

MORIN, W. J./CABREA, J.C., Parting company. How to survive the loss of a job and find another successfully. San Diego/New York: Harcourt Brace, 1982

MOSER, K, Selbstbeurteilung beruflicher Leistung. Psychologische Rundschau, 50, 14-25, 1999

MÜLLER, GABRIELE, Systemisches Coaching im Management. Weinheim, Beltz, 2003

OBERMANN, CHRISTOF, Assessment Center. Entwicklung, Durchführung, Trends. Wiesbaden, Gabler, 2002

OTT, H., Einführung in das Arbeitsrecht. Berlin, de Gruyter, 1997

PASCHEN, M./WEIDEMANN A./TURCK, D./STÖWE C., Assessmentcenter Professionell. Neuwied, Luchterhand, 2003

PURSELL, E.D., CAMPION, M.A., GAYLORD, S.R., Structured interviewing. Avoiding selection problems. Personnel Journal, 11, 907-912, 1980

PÜTTJER, C./SCHNIERDA, U, Assessment-Center-Training für Führungskräfte. Die wichtigsten Übungen – die besten Lösungen. Frankfurt am Main, 2006

REILLY, R.R./CHAO, G.T., Validity and fairness of some alternative employee selection procedures. In: Personnel Psychology, 35, pp. 1-62, 1982

RESCHER, N., Warum sind wir nicht klüger? Der evolutionäre Nutzen von Dummheit und Klugheit. Stuttgart, Hirzel, 1994

SABEL, H., Bewerbungsgespräche. Würzburg, Krick, 1998

SARGES, W./WOTTAWA, H. (Hrsg.), Handbuch wirtschaftspsychologischer Testverfahren. Lengerich, 2005

SATTELBERGER, T. (Hrsg), Handbuch der Personalberatung. Realität und Mythos einer Profession. München, Beck, 1999

SCHMIDT, F.L./HUNTER, J.E., The validity and utility of selection methods in personnel psychology. In: Psychological Bulletin, Vol.124, Nr.2, S.262-274, 1998

SCHMITT, N./COYLE, B.W., Applicant decisions in the employment interview. Journal of Applied Psychology, 61, 184-192, 1976

SCHNEEWIND, K.A./SCHRÖDER, G./CATTELL, R.B., Der 16-Persönlichkeitsfaktoren-Test (16 PF). Bern, 1994.

SCHNEIDER, A., Mit den besten Interviewfragen die besten Mitarbeiter gewinnen. Praxium, 2006

SCHOLZ, C., Personalmanagement. Informationsorientierte und verhaltenstheoretische Grundlagen. Vahlen, 2000

SCHULER, H., Lehrbuch der Personalpsychologie. Hogrefe-Verlag, 2005

SCHULER, H., Psychologische Personalauswahl. Einführung in die Berufseignungsdiagnostik. Verlag für Angewandte Psychologie, 2000

SCHULER, H./FUNKE, U./MOSER, K./DONAT M., Personalauswahl in F&E. Eignung und Leistung von Wissenschaftlern und Ingenieuren. Göttingen, Hogrefe 1995

SCHULER, H./MOSER, K., Geschichte der Managementdiagnostik. in: K. Moser, W. Stehle/H. Schuler (Hrsg.), Personalmarketing (S. 51-75). Göttingen, Hogrefe, 1995

SCHULZ VON THUN, F., Miteinander Reden, Band 1-3. Allgemeine Psychologie der Kommunikation. Hamburg, Rowohlt, 1981

SEN, A., Ökonomie für den Menschen. München, DTV, 2002

SENGE, P., Die fünfte Disziplin. Stuttgart, Klett-Cotta, 1998

SPADA, H., Allgemeine Psychologie. Bern, Hans Huber, 1990

STAHL, E., Dynamik in Gruppen. BeltzPVU, Weinheim, 2002.

STEPSTONE AG, Recruitment Trends 2006. Stepstone Umfrage bei 2.171 europäischen Unternehmen, 2006

STRUCK, K.-G., Der Coaching-Prozess. Der Weg zu Qualität: Leitfragen und Methoden. Erlangen, Publicis, 2006

VEREINIGUNG DER HESSISCHEN UNTERNEHMENSVERBÄNDE E.V./HESSEN CHEMIE/HESSEN METALL (Hrsg.), Das Allgemeine Gleichbehandlungsgesetz (AGG). Ein Leitfaden für die Praxis mit Kommentierung. Köln, Deutscher Instituts-Verlag GmbH, 2006

WÖHE, G., Einführung in die Allgemeine Betriebswirtschaftslehre. München, Vahlen, 2005

VOGELAUER, W., Methoden-ABC im Coaching. München, Wolters-Kluwer, 2004

WEINER, B., Motivationspsychologie. Weinheim, Beltz, 1994

WEISBACH, C.-R., Professionelle Gesprächsführung. Ein praxisnahes Lese- und Übungsbuch. München, DTV, 2001

WELSCH, F., Judging People: The early background. In: D.M. Davey & M. Harris (Eds.), Judging People. A guide to orthodox and unorthodox methods of assessment (pp.1-14). London, McGraw-Hill, 1982

WELCH, J. & S., Winning. Frankfurt, Campus 2005

WIESNER, W.H./CRONSHAW, S.F., The moderating impact of interview format and degree of structure on interview validity. In: The Journal of Occupational Psychology, 61, pp. 275-290, 1988

WOTTAWA, H., Stand und Perspektiven eignungsdiagnostischer Anwendung. in: H. Schuler, U. Funke (Hrsg.), Eignungsdiagnostik in Forschung und Praxis (S.1-5). Göttingen, Hogrefe, 1991

Mitarbeiter erfolgreich führen

↗

So motivieren, delegieren
und kritisieren Sie mit Erfolg

In kurz lesbaren Abschnitten vermittelt das Buch solide Fertigkeiten im Motivieren, Delegieren und Kritisieren. Es liefert hilfreiches Wissen, um die Leistungsfähigkeit und -bereitschaft der Mitarbeiter mit der richtigen Führungspraxis nachhaltig zu entfalten sowie sich selbst und andere zu motivieren. Der Autor bietet zudem Lösungen für schwierige Führungssituationen und Praxiserprobtes zum Mitarbeitergespräch, das auch Problemfelder wie Kontrolle und Kritik eingängig erschließt.

Matthias Dahms
Motivieren – Delegieren –
Kritisieren
Die Erfolgsfaktoren
der Führungskraft
2008. 176 S. Br.
EUR 29,90
ISBN 978-3-8349-0758-5

25 Bausteine für eine gesunde
Autorität

Wer sich als Führungskraft wünscht, an Souveränität, Durchsetzungskraft und persönlicher Stärke zu gewinnen, für den ist dieses Buch geschrieben. Es zeigt, wie es gelingt, eine positive Autorität aufzubauen, durch natürliches Charisma zu überzeugen und Ziele erfolgreich umzusetzen. Ein radikales Buch, das zum Führen ermutigt. Mit vielen wahren Beispielen.

Winfried Prost
Führen mit Autorität
und Charisma
Als Chef souverän handeln
2008. 256 S.
Geb. EUR 32,90
ISBN 978-3-8349-0551-2

Worauf es beim Führen
wirklich ankommt

Was zeichnet gute Führung aus? Welche Führungsansätze sind wichtig und praxisnah? Daniel F. Pinnow, Geschäftsführer der renommierten Akademie für Führungskräfte, zeigt in diesem Kompendium, worauf es wirklich ankommt.

Daniel F. Pinnow
Führen
Worauf es wirklich ankommt
4. Aufl. 2009. 321 S.
Geb. EUR 42,00
ISBN 978-3-8349-1753-9

Änderungen vorbehalten. Stand: Juli 2009.
Erhältlich im Buchhandel oder beim Verlag

Gabler Verlag . Abraham-Lincoln-Str. 46 . 65189 Wiesbaden . www.gabler.de

GABLER

Professionelle Personalentwicklung

↗

Risikomanagement bei Personal-
entscheidungen

Personalexperte Florian Schuhmacher zeigt
welche Personalauswahl- und Potenzialermitt-
lungsverfahren zur Verfügung stehen und welche
Grundsätze und Methoden für das Assessment
Center gelten. Der Praxisteil erläutert wie sich
das Assessment Center konkret anwenden lässt
und welche Übungsarten geeignet sind. Mit wert-
vollen Handlungsempfehlungen und hilfreichen
Checklisten für die Planung, Durchführung und
Nachbereitung.

Florian Schuhmacher
Mythos Assessment Center
Risikomanagement bei Personal-
entscheidungen und Leitfaden
zur Anwendung
2009. 192 S.
Geb. EUR 39,90
ISBN 978-3-8349-1394-4

So sichern Sie qualifizierte
Bewerber für Ihr Unternehmen

Wer qualifizierte Mitarbeiter will, muss gezielt und
richtig suchen. Nicht für jede Position ist ein ma-
ximaler Aufwand erforderlich und sinnvoll. Vielmehr sind es die kleinen, schnell umzusetzenden
Checklisten und Leitfäden, die den Auswahlprozess effektiver machen. So gelingt die Stellenbe-
setzung schnell, reibungslos und kompetent.

Michael Lorenz / Uta Rohrschneider
Erfolgreiche Personalauswahl
Sicher, schnell und durchdacht
2009. 208 S.
Br. EUR 29,90
ISBN 978-3-8349-1392-0

Erfahrungen mit Gruppenarbeit

Gruppenarbeit wird seit Jahren in vielen Unternehmen mit Erfolg in der Produktion und zunehmend im Dienstleistungsbereich eingesetzt. Doch
nur wenn Gruppenarbeit in ein adäquates Umfeld
eingebettet ist, können ihre Vorteile voll zum Tra-
gen kommen. Das Autorenteam aus Wissenschaft
und Praxis beschreibt bewährte Konzepte und Instrumente zur Unterstützung der Gruppenarbeit.

Ingela Jöns (Hrsg.)
Erfolgreiche Gruppenarbeit
Konzepte, Instrumente,
Erfahrungen
2008. 260 S.
Br. EUR 39,90
ISBN 978-3-8349-0695-3

Änderungen vorbehalten. Stand: Juli 2009.
Erhältlich im Buchhandel oder beim Verlag

Gabler Verlag . Abraham-Lincoln-Str. 46 . 65189 Wiesbaden . www.gabler.de

GABLER